新型职业农民培育系列教材
——家畜规模养殖系列

现代肉羊生产技术

潘越博　主编

中国农业大学出版社
·北京·

内 容 简 介

本书主要包括肉羊的引种繁殖、饲料筹划、饲养管理、疾病防治、效益分析五方面内容，重点就肉羊产业实际生产中遇到的问题提出了相应的应对措施和解决办法。围绕现代肉羊产业生产不同阶段的特点，重点阐述肉羊优质高效产业生产关键性技术。

图书在版编目(CIP)数据

现代肉羊生产技术/潘越博主编. —北京：中国农业大学出版社，2016.5(2017.4 重印)

ISBN 978-7-5655-1554-5

Ⅰ.①现…　Ⅱ.①潘…　Ⅲ.①肉用羊-饲养管理

Ⅳ.①S826.9

中国版本图书馆 CIP 数据核字(2016)第 079815 号

书　　名	现代肉羊生产技术	
作　　者	潘越博　主编	
策划编辑	张 蕊　张 玉	责任编辑　张 蕊
封面设计	郑 川	责任校对　王晓凤
出版发行	中国农业大学出版社	
社　　址	北京市海淀区圆明园西路 2 号	邮政编码　100193
电　　话	发行部 010-62818525,8625	读者服务部 010-62732336
	编辑部 010-62732617,2618	出 版 部 010-62733440
网　　址	http://www.cau.edu.cn/caup	E-mail cbsszs @ cau.edu.cn
经　　销	新华书店	
印　　刷	北京时代华都印刷有限公司	
版　　次	2016 年 12 月第 1 版　　2017 年 4 月第 2 次印刷	
规　　格	850×1 168　32 开本　　7.875 印张　　195 千字	
定　　价	18.00 元	

图书如有质量问题本社发行部负责调换

编审人员

主　编　潘越博　甘肃畜牧工程职业技术学院　副教授

参　编　郭小会　甘肃畜牧工程职业技术学院　讲　师

　　　　车清明　甘肃畜牧工程职业技术学院　讲　师

　　　　石玉桂　甘肃省畜牧业产业管理局　畜牧师

　　　　黄龙艳　甘肃省家畜繁育中心　技　师

主　审　杨孝列　甘肃畜牧工程职业技术学院　教　授

　　　　李和国　甘肃畜牧工程职业技术学院　教　授

　　　　李玉冰　北京农业职业学院　教　授

　　　　寇建平　农业部科技教育司　处　长

　　　　陈肖安　原农业部农民科技教育培训中心　处　长

编 写 说 明

职业农民是农业生产经营主体。开展农民教育培训,提高农民综合素质、生产技能和经营能力,是发展现代农业和建设社会主义新农村的重要举措。党中央、国务院高度重视农民教育培训工作,提出了"大力培育新型职业农民"的历史任务。目前,我国养羊生产具有广阔的发展空间,养羊生产的当务之急是从转变养羊生产方式的高度出发,以优质、高效、生态和可持续发展为目标,加大技术投资,依靠科技进步,形成专业生态化生产、一体化经营、社会化服务、企业化管理,加快养羊业专业化、系列化、市场化和社会化进程,向品种良种化、生产集约化、过程生态无害化和产品优质化方向迈进,全面提升养羊生产效益,让养羊产业实现突破式发展。

为贯彻落实中央的战略部署,提高农民教育培训质量,同时也为各地培育新型职业农民提供基础保障——高质量教材,我们遵循农民教育培训的基本特点和规律,编写了《现代肉羊生产技术》一书。

《现代肉羊生产技术》是新型职业农民培育系列教材之一。作者在对多年来养羊生产实践经验加以总结的基础上,以技术问答方式编写了《现代肉羊生产技术》一书。本教材以现代肉羊生产岗位所必需的知识和技能为主线,基于工作过程设定了肉羊的引种繁殖、饲料筹划、饲养管理、疾病防治、效益分析五项内容。教材遵循"理论够用""技能突出""技术实用"的职业教育理念,采用问答式的编写体例,突出肉羊生产过程和工作岗位需求,以实用的技术充实内容,兼顾肉羊生产实用技术与原理的融通,使学员的职业技能达到从事肉羊生产所必需的要求和标准。全书紧密结合养羊生产实际，技术先进，实用性与可操作性强，通俗易懂，既可作为养羊生产一线的新型职业农民的培训教材，也可作为从事养羊生产、管理人员及农业职业院校师生的学习参考用书。

本教材由甘肃畜牧工程职业技术学院潘越博任主编，郭小会、黄龙艳、车清明与石玉桂参加编写。全书由潘越博统稿；甘肃畜牧工程职业技术学院杨孝列教授与李和国教授主审，北京农业职业学院李玉冰教授、农业部科技教育司原寇建平处长和原农业部农民科技教育培训中心教材处原处长陈肖安同志对教材内容进行了最终审定，在此一并表示感谢。

由于编者水平有限，加之时间仓促，教材中不妥和错误之处在所难免。衷心希望广大读者提出宝贵意见，以期进一步修订和完善。

编　者

2015.12

目　录

一、引种繁殖 …………………………………………… 1

（一）品种选用 ………………………………………… 1

　　1.如何选用国内外优良的肉用绵羊品种? …………… 1

　　2.如何选用国内外优良的肉用山羊品种? …………… 9

（二）选种与引种 ……………………………………… 19

　　1.选种时应该考虑哪些问题? ………………………… 19

　　2.如何选留羔羊? ……………………………………… 24

　　3.如何选留后备羊? …………………………………… 25

　　4.如何选留种公羊? …………………………………… 26

　　5.如何选留种母羊? …………………………………… 26

　　6.引种前有哪些准备工作? …………………………… 26

　　7.供种场现场选种时,重点考察种羊的哪些指标? … 30

　　8.如何调运和管理种羊? ……………………………… 30

　　9.种羊引入场后如何管理? …………………………… 32

（三）发情鉴定 ………………………………………… 33

　　1.怎样组织母羊的发情鉴定工作? …………………… 33

　　2.怎样促进母羊发情排卵? …………………………… 36

（四）配种安排 ………………………………………… 38

　　1.如何制定配种计划? ………………………………… 38

　　2.如何确定最佳配种时机? …………………………… 40

　　3.怎样组织自然交配工作? …………………………… 41

　　4.怎样组织羊的人工辅助交配? ……………………… 41

　　5.如何设计和填写配种记录表? ……………………… 41

6.怎样推算羊的预产期？ ………………… 43

（五）人工授精技术 …………………………… 43

  1.怎样安排采精前的准备工作？ ………… 43

  2.怎样安装和调试假阴道？ ……………… 45

  3.怎样用假阴道给公羊采精？ …………… 46

  4.怎样检查并评价精液品质？ …………… 47

  5.新鲜精液稀释的操作过程是什么？ …… 48

  6.怎样给发情母羊输精？ ………………… 49

（六）妊娠诊断 ………………………………… 52

  1.妊娠母羊有哪些生理变化？ …………… 52

  2.如何应用外部观察法判断母羊怀孕？ … 52

  3.如何应用直肠-腹壁触诊法判断母羊怀孕？ … 53

  4.如何应用超声波诊断法判断母羊怀孕？ … 54

  5.如何应用阴道检查法判断母羊怀孕？ … 54

（七）接产与产后护理 ………………………… 55

  1.怎样做好接产前的准备工作？ ………… 55

  2.如何给分娩母羊助产？ ………………… 56

  3.遇到母羊难产怎么处理？ ……………… 57

  4.分娩过程中,出现假死羔羊如何救治？ … 58

  5.新生羔羊如何护理保健？ ……………… 59

  6.产后母羊如何护理保健？ ……………… 59

（八）杂交改良 ………………………………… 60

  1.如何选择杂交父本？ …………………… 60

  2.如何选择杂交母本？ …………………… 60

  3.怎样开展肉羊经济杂交？ ……………… 60

  4.如何制定肉羊杂交繁育体系？ ………… 62

二、饲料筹划 …………………………………… 65

（一）饲草饲料加工调制与利用 ……………… 65

  1.如何对粗饲料进行加工调制？ ………… 65

2. 可用于饲养肉羊的优良牧草有哪些？ ……………… 67

3. 什么是青饲料？有哪些种类？营养特点如何？ …… 68

4. 什么是青干草？怎样调制？ …………………………… 69

5. 怎样调制青贮饲料？如何进行品质鉴定？ ………… 72

6. 如何对精饲料进行加工调制？ ……………………… 75

7. 如何正确使用矿物质饲料？ ………………………… 76

8. 如何正确使用饲料添加剂？ ………………………… 76

（二）饲料配合及生产应用 …………………………………… 81

1. 如何正确使用添加剂预混料？ ……………………… 82

2. 如何正确使用浓缩料？ ……………………………… 82

3. 如何正确使用精料预混料？ ………………………… 83

4. 如何配制全价日粮？ ………………………………… 83

（三）饲料筹划 ………………………………………………… 87

1. 如何确定各类羊群的存栏量？ ……………………… 87

2. 怎样确定各类羊群的日粮组成？ …………………… 90

3. 怎样计算各类羊群的饲料需要量？ ………………… 90

4. 怎样计算各类羊群的饲料供应量？ ………………… 90

5. 怎么编制年度饲料供应计划？ ……………………… 91

三、饲养管理 …………………………………………………… 93

（一）认知羊的生活习性及利用 …………………………… 93

1. 如何合理利用绵羊、山羊的生物学特性？ ………… 93

2. 怎样合理利用羊的消化特性？ ……………………… 96

（二）种公羊的饲养管理 …………………………………… 98

1. 怎样合理饲养种公羊？ ……………………………… 98

2. 如何科学管理种公羊？ ……………………………… 100

3. 怎样制定种公羊舍饲养管理操作规程？ …………… 101

（三）繁殖母羊的饲养管理 ………………………………… 102

1. 怎样合理饲养空怀母羊？ …………………………… 102

2. 如何科学管理空怀母羊？ …………………………… 103

3. 怎样合理饲养怀孕母羊？ …………………… 103

4. 如何科学管理妊娠母羊？ …………………… 105

5. 怎样合理饲养泌乳母羊？ …………………… 106

6. 如何科学管理泌乳母羊？ …………………… 107

（四）羔羊和育成羊的饲养管理 ………………… 109

1. 怎样合理饲养哺乳羔羊？ …………………… 109

2. 如何对羔羊实施早期断奶？ ………………… 111

3. 如何科学管理哺乳羔羊？ …………………… 113

4. 如何合理饲养育成羊？ ……………………… 114

5. 如何科学管理育成羊？ ……………………… 116

6. 怎样制定羔羊和育成羊饲养管理操作规程？ … 116

（五）肉羊育肥 ……………………………………… 120

1. 如何合理利用肉羊的生长特点？ …………… 120

2. 怎样做好育肥前的准备工作？ ……………… 121

3. 怎样进行肥羔生产？ ………………………… 122

4. 断奶羔羊如何育肥？ ………………………… 124

5. 成年羊如何育肥？ …………………………… 128

（六）肉羊屠宰与酮体分级 ……………………… 130

1. 肉羊怎样屠宰？ ……………………………… 130

2. 鲜羊肉和内脏怎样检验？ …………………… 132

3. 羊肉胴体如何分割？ ………………………… 133

4. 羊肉质量指标如何评价？ …………………… 136

四、疾病防治 ……………………………………… 139

（一）消毒与驱虫 ………………………………… 139

1. 如何正确选用消毒剂？ ……………………… 139

2. 怎样对人员、车辆、羊舍及场区等进行消毒？ … 140

3. 如何正确选用驱虫药？ ……………………… 142

4. 如何对基础母羊和种公羊进行驱虫？ ……… 142

5. 如何对羔羊和育成羊进行驱虫？ …………… 142

6.怎样修建药浴池？……………………………… 143

7.怎样组织羊的药浴工作？ ……………………… 145

（二）认知免疫工作…………………………………… 147

1.如何正确选用疫苗？…………………………… 147

2.怎样保存和运输疫苗？………………………… 147

3.怎样规范使用疫苗？…………………………… 147

4.怎样制定免疫程序？…………………………… 148

5.如何做好羊群春、秋两季的免疫工作？ ……… 149

6.如何做好肉羊主要传染病的防疫工作？……… 150

7.如何对成年羊进行免疫接种？………………… 152

8.如何对羔羊进行免疫接种？…………………… 153

（三）羊病诊断与防治………………………………… 153

1.羊病发生的主要原因有哪些？ ……………… 153

2.如何通过观察精神状态来发现病羊？………… 155

3.如何通过观察被毛与皮肤来发现病羊？……… 155

4.如何通过检查可视黏膜来发现病羊？………… 156

5.如何通过观察饮、食欲来发现病羊？………… 156

6.怎样根据粪、尿变化来发现病羊？…………… 156

7.怎样给羊测体温？……………………………… 157

8.如何检查羊的脉搏数？………………………… 157

9.如何检查羊的呼吸数？………………………… 158

10.怎样给羊口服给药？………………………… 158

11.怎样给羊胃管投药？………………………… 159

12.怎样给羊打针？……………………………… 160

13.给羊用药时应注意哪些方面的问题？ ……… 162

14.怎样预防羊流产？…………………………… 162

（四）羊常见传染病的诊治…………………………… 163

1.羊痘病怎样诊治？……………………………… 163

2.羊传染性脓疮怎样诊治？ …………………… 164

3.羊口蹄疫怎么诊治？ ……………………………… 165

4.绵羊肺腺瘤病怎么诊治？ …………………………… 166

5.羊炭疽病怎么诊治？ ………………………………… 167

6.羊巴氏杆菌病怎么诊治？ …………………………… 169

7.羊链球菌病怎么诊治？ ……………………………… 170

8.羊沙门氏菌病怎么诊治？ …………………………… 171

9.羊坏死杆菌病怎么诊治？ …………………………… 172

10.羊布氏杆菌病怎么诊治？ ………………………… 173

11.羊破伤风怎么诊治？ ……………………………… 174

12.羊快疫怎么诊治？ ………………………………… 175

13.羔羊痢疾怎么诊治？ ……………………………… 176

14.羊肠毒血症怎么诊治？ …………………………… 177

15.羊猝疽怎么诊治？ ………………………………… 178

16.羊皮肤真菌病怎么诊治？ ………………………… 179

17.羊蓝舌病怎么诊治？ ……………………………… 180

18.羔羊大肠杆菌病怎么诊治？ ……………………… 181

19.羊传染性胸膜肺炎怎么诊治？ …………………… 182

20.羊李氏杆菌病怎么诊治？ ………………………… 183

21.羊衣原体病怎么诊治？ …………………………… 185

22.羊传染性角膜结膜炎怎么诊治？ ………………… 186

23.羊结核病怎么诊治？ ……………………………… 187

24.羊副结核病怎么诊治？ …………………………… 187

25.羊放线菌病怎么诊治？ …………………………… 188

26.羊弯曲菌病怎么诊治？ …………………………… 189

27.羊葡萄球菌病怎么诊治？ ………………………… 190

28.羊黑疫怎么诊治？ ………………………………… 191

（五）羊常见寄生虫病的诊治…………………………… 192

1.羊肝片吸虫病怎么诊治？ ………………………… 192

2.羊棘球蚴病怎么诊治？ …………………………… 193

3. 羊脑多头蚴病怎么诊治？ ················· 194

4. 羊绦虫病怎么诊治？ ··················· 195

5. 羊消化道线虫病怎么诊治？ ·············· 196

6. 羊弓形虫病怎么诊治？ ················· 197

7. 羊球虫病怎么诊治？ ··················· 197

8. 羊鼻蝇蛆病怎么诊治？ ················· 198

9. 羊疥癣怎么诊治？ ···················· 199

10. 羊血吸虫病怎么诊治？ ················ 200

11. 羊肺线虫病怎么诊治？ ················ 201

12. 羊前后盘吸虫病怎么诊治？ ············· 202

（六）羊常见普通病的诊治 ··················· 202

1. 羊口炎怎么诊治？ ···················· 202

2. 羊瘤胃积食怎么诊治？ ················· 203

3. 羊急性瘤胃膨气怎么诊治？ ·············· 204

4. 羊创伤性网胃-心包炎怎么诊治？ ·········· 205

5. 羔羊白肌病怎么诊治？ ················· 206

6. 羔羊佝偻病怎么诊治？ ················· 206

7. 羊乳腺炎怎么诊治？ ··················· 208

8. 羊子宫内膜炎怎么诊治？ ················ 209

9. 羊肺炎怎么诊治？ ···················· 209

10. 羊瘤胃酸中毒怎么诊治？ ··············· 210

11. 羊有机磷中毒怎么诊治？ ··············· 211

12. 羊疯草中毒怎么诊治？ ················ 211

13. 羊萱草根中毒怎么诊治？ ··············· 212

14. 羊氢氰酸中毒怎么诊治？ ··············· 213

五、效益分析 ····························· 214

（一）认知羊场经营模式及周转管理 ············· 214

1. 羊场的分类与主要生产任务有哪些？ ········· 214

2. 规模化肉羊生产的经营形式及特点是什么？ ····· 215

3. 如何进行羊群的周转管理？ ……………………………… 216

4. 怎样确定羊场的生产规模和生产工艺？ …………… 219

（二）羊场成本核算与效益分析……………………………… 226

分析羊场经济效益时应考虑哪些问题？ ………………… 226

参考文献 …………………………………………………… 233

一、引 种 繁 殖

(一)品种选用

1.如何选用国内外优良的肉用绵羊品种?

(1)小尾寒羊

①产地　小尾寒羊是我国古老的优良地方品种之一,原产于鲁、豫、苏、皖四省交界地区,主要分布在山东省菏泽地区和河北省境内。

②外貌特征　该羊体格高大,头略长,鼻梁隆起,耳大下垂,四肢修长、健壮;公羊有螺旋形大角,母羊有小角或无角;公羊前胸较深,鬐甲高,背腰平直,母羊体躯略呈扁形,乳房较大,被毛多为白色,少数个体头、四肢部有黑、褐色斑,被毛属于异质毛(图 1-1)。

（公）　　　　　　　　（母）

图 1-1　小尾寒羊

③生产性能　周岁公羊体重 61 kg,屠宰率 55.6%,周岁母羊 41 kg;成年公羊体重 94.2 kg,成年母羊 49 kg;6 月龄公羔体重达 38 kg,母羔 37 kg;成年公羊剪毛量为 3.5 kg,成年母羊剪毛量为 2 kg,毛长 11~13 cm,净毛率 63%。

④生产应用　小尾寒羊生长发育较快,性成熟早,母羊 5~6 月龄开始发情,且一年四季均可发情配种,产羔率达 270%,产羔性能居我国绵羊品种之首,是世界上著名的高繁殖力绵羊品种之一,因此受到广大养羊户的青睐。

(2)湖羊

①产地　产区在浙江、江苏间的太湖流域,所以称为"湖羊"。

②外貌特征　该品种具短脂尾型特征(图 1-2),公、母羊均无角,体躯长,四肢高,毛色洁白,脂尾扁圆形,不超过飞节,终年繁殖。

（公）　　　　　　　　　　（母）

图 1-2　湖羊

③生产性能　小母羊 4~5 月龄性成熟,可两年产 3 胎或一年产 2 胎,胎产羔 2~3 只。泌乳量多,羔羊生长迅速。成年羊每年春、秋剪毛两次。

④生产应用　湖羊羔羊生后 1~2 d 内宰杀,所获羔皮毛色洁白光润,具有天然的波浪形花纹,扑而不散,皮板轻柔,在国际市场

上,享有很高声誉,有"软宝石"之称,是我国传统出口特产之一。近年来,湖羊有转向肉用的趋势。

(3)无角陶赛特羊

①产地　原产于澳大利亚和新西兰。无角陶赛特羊是以考力代羊为父本,雷兰羊和英国有角道赛特羊为母本进行杂交,杂种后代羊再与有角道赛特公羊回交,选择无角的后代培育而成。

②外貌特征　该品种体质结实,公、母羊均无角,颈粗短,胸宽深,背腰平直,体躯长、宽而深,肋骨开张良好,体躯呈圆桶状,四肢粗壮,后躯丰满,肉用体型明显。被毛白色,同质,具有生长发育快、易肥育、肌肉发育良好、瘦肉率高的特点(图1-3)。

图1-3　无角陶赛特羊

③生产性能　成年公羊体重90～110 kg,成年母羊为65～80 kg,毛长7.5～10 cm。剪毛量2～3 kg,净毛率55%～60%,细度50～56支。产肉性能高,胴体品质好。2月龄公羔平均日增重392 g,母羔340 g。经过肥育的4月龄羔羊胴体重可达20～24 kg,屠宰率50%以上。产羔率110%～140%,高者达170%。

④生产应用　该品种羊具有生长发育快,早熟,产羔率高,母性强,常年发情配种,适应性强,遗传力强等特点,是理想的肉羊生产的终端父本之一。20世纪80年代以来,我国先后从澳大利亚引进无角陶赛特羊,适应性较好,在进行纯种繁殖外,还用来与蒙

古羊、哈萨克羊和小尾寒羊杂交,杂种后代产肉性能得到显著提高,改良效果良好。

(4)特克赛尔羊

①产地　原产于荷兰。19世纪中叶,由当地沿海低湿地区的晚熟但毛质好的马尔盛夫羊与林肯羊和莱斯特公羊杂交培育而成。

②外貌特征　该羊体格较大,体质结实,体躯较长,呈圆筒状,颈粗短,前胸宽,背腰平直,肋骨开张良好,后躯丰满,四肢粗壮。公、母羊均无角,耳短,头、面部和四肢下端无羊毛着生,仅有白色的发毛,全身被毛白色、同质,眼大突出,鼻镜、眼圈部位皮肤为黑色,蹄质为黑色(图1-4)。

图1-4　特克赛尔羊

③生产性能　成年公羊体重115～140 kg,成年母羊75～90 kg。平均产毛量3.5～4.5 kg,毛长10～15 cm,羊毛细度46～56支。羔羊生长速度快,4～5月龄羔羊体重可达40～50 kg,屠宰率55%～60%,瘦肉率高。眼肌面积大,较其他肉羊品种高7%以上。母羊泌乳性能良好,产羔率150%～160%。

④生产应用　该品种羊产肉和产毛性能好,肌肉发育良好,适应性强。具有多胎、早熟、羔羊生长迅速、母羊繁殖力强等特点,被用于肥羔生产的杂交父本。

(5)杜泊羊

①产地　杜泊羊原产于南非,是有角道赛特羊与当地的波斯黑头羊杂交育成的肉用绵羊品种,该品种在干旱和半干旱的沙漠条件及热带、半热带地区都有很好的适应性。

②外貌特征　杜泊羊分白头和黑头两种。体躯呈独特的桶形,公、母羊均无角,颈粗短,肩宽厚,背平直,肋骨拱圆,前胸丰满,后躯肌肉发达,四肢短粗,肉用体型好。头上有短、暗、黑或白色的毛,体躯有短而稀的浅色毛(主要在前半部),腹部有明显的干死毛(图 1-5)。

黑头杜泊公羊　　　　　　　白头杜泊公羊

图 1-5　杜泊羊

③生产性能　成年公羊体重 100～110 kg,成年母羊 75～90 kg;周岁公羊体重 80～85 kg,周岁母羊 60～62 kg。成年公羊产毛量 2.0～2.5 kg,成年母羊 1.5～2.0 kg。羔羊初生重大,可达 5.5 kg,生长速度快,平均日增重可达 300 g 以上,成熟早,瘦肉多,胴体质量好,3.5～4 月龄羔羊活重达 36 kg,胴体重 16 kg左右。

④生产应用　该品种肉质细嫩、多汁、色鲜、瘦肉率高,肉中脂肪分布均匀,为高品质胴体,国际上誉为"钻石级肉",是目前世界上公认的最好的肉用绵羊品种,主要生产品质优良的肥羔肉。

（6）萨福克羊

①产地　原产于英国东南部的萨福克郡州。

②外貌特征　萨福克羊具有早熟、产肉多、肉质好、屠宰率高的特点。公、母羊均无角，体躯主要部位被毛白色，头、面部、耳与四肢下端为黑色，体躯被毛白色，含少量有色纤维。头较长，耳大，颈短粗，胸宽深，背腰平直，肌肉丰满，后躯发育良好，四肢粗壮结实（图1-6）。

图1-6　萨福克羊

③生产性能　萨福克羊早熟，生长发育快，产肉性能好。成年公羊体重100～110 kg，成年母羊60～70 kg。4月龄公羔胴体重达24.2 kg，母羔19.7 kg，屠宰率55%～60%。毛长7.0～8.0 cm，剪毛量3～4 kg，细度50～58支。胴体中脂肪含量低，肉质细嫩，肌肉横断面呈大理石花纹状。母羊周岁开始配种，可全年发情，产羔率130%～140%。

④生产应用　萨福克羊是体格、体重较大的肉用品种，因此我国新疆和内蒙古等地区从澳大利亚引入该品种羊，除进行纯种繁育外，还同当地粗毛羊及细毛杂种羊杂交来生产肉羔。由于该羊早熟、产肉性能好，更多的养殖户用它来提高当地羊的产羔率，使羊肉生产水平和效率显著提高，是世界公认的用于终端杂交的优

良父本品种。

（7）波德代羊

①产地　产于世界上著名的羔羊肉产地——新西兰南岛的坎特伯里平原。突出强调高产羔率、产毛量和肥羔生产性能。

②外貌特征　公、母羊均无角，全身被毛白色，鼻镜、嘴唇、蹄冠为褐色。体质结实，结构匀称。头大小中等，颈宽厚，鬐甲宽平，头、颈、肩结合良好。背腰长而宽平，肋骨开张良好，胸宽深，腹大而紧凑，前躯丰满，后躯发达，整个体躯呈桶状，臀部呈倒"U"字形。四肢粗壮，长度中等，蹄质结实（图1-7）。

图1-7　波德代羊

③生产性能　周岁公、母羊平均体重68.3 kg；3月龄平均28 kg。单羔出生重5.76 kg，双羔出生重4.5 kg，单双羔平均出生重5.1 kg。6月龄公、母羔平均体重52.0 kg，屠宰率50%以上，产肉量高于当地成年公、母羊，提高了生产效率和有限资源的利用率。

④生产应用　根据甘肃省永昌肉用种羊场十多年的培育经验，该品种采用全年以舍饲为主的饲养管理方式和人工辅助交配方法，实行2年3胎，经过引入羊场3年多来的饲养繁育实践和观测，波德代羊早熟，生长发育良好，体型大，繁殖率高，羊毛品质优良，产毛量高，抗逆性强，许多主要生产力指标均超过原产地该品种羊的水平，而且经济效益显著。

(8)夏洛来羊

①产地　原产于法国中部的夏洛来地区,以英国莱斯特羊、南丘羊为父本与当地的细毛羊杂交育成的。

②外貌特征　头部无毛,脸部呈粉红色或灰色,额宽,耳大灵活,体躯长,胸宽深,背腰平直,后躯丰满,前后裆宽,肌肉发达呈倒"U"字形,四肢较短,粗壮,下部呈浅褐色(图1-8)。

图1-8　夏洛来羊

③生产性能　成年公羊体重为110～140 kg,母羊80～100 kg;周岁公羊体重70～90 kg,周岁母羊体重50～70 kg,8月龄公羊达60 kg,母羊40 kg,屠宰率50%～55%,胴体品质好,瘦肉多,脂肪少,母羊8月龄参加配种,产羔率高,初产羔率达135%～140%,3～5胎可达190%,毛短,更适宜气候温暖地区。

④生产应用　该品种具有早熟,耐粗饲,采食能力强,肥育性能好等优点,是当今世界优秀的肉用品种,目前,西藏、内蒙古、河北、河南、辽宁、山东等地均已引入,除进行纯种繁育外,还与当地品种或其他肉羊品种杂交,获得了较好的杂交效果。

(9)德国美利奴羊

①产地　产于德国,属肉用型细毛早熟品种。我国曾在1958年引进过,该品种曾先后参与了内蒙古细毛羊、阿勒泰肉用细毛羊

的育成。

②外貌特征　体型大,胸宽、深,背腰平直,肌肉丰满,后躯发育良好(图1-9)。

图1-9　德国美利奴羊

③生产性能　成年公羊体重90～100 kg,成年母羊60～65 kg,成年公羊剪毛量10～11 kg,成年母羊剪毛量4.5～5.0 kg,净毛率45%～52%,羊毛细度60～64支,长度7.5～9.0 cm,产羔率140%～175%。6月龄羔羊体重可达40～45 kg,胴体重19～23 kg,屠宰率47%～51%。

④生产应用　近些年引进的德国美利奴羊主要是在保证细毛羊羊毛品质的同时,提高细毛羊的产肉性能,因此适合于我国细毛羊产区生产羊肉的需要。目前在内蒙古、新疆、甘肃等地有分布。德国美利奴羊与蒙古羊、西藏羊、小尾寒羊杂交,后代被毛品质有明显改善,生长发育快,产肉性能良好。

2.如何选用国内外优良的肉用山羊品种?

(1)马头山羊

①产地　马头山羊主产于湖北省十堰、恩施等地区和湖南省

常德、黔阳等地区,它是湖北省、湖南省肉皮兼用的地方优良品种之一。该山羊体型、体重、初生重等指标在国内地方品种中荣居前列,是国内山羊地方品种中生长速度较快、体型较大、肉用性能最好的品种之一。

②外貌特征　马头山羊公、母羊均无角,头形似马,性情迟钝,群众俗称"懒羊"。头较长,大小中等,公羊 4 月龄后额顶部长出长毛(雄性特征),并渐伸长,可遮至眼眶上缘,长久不脱,去势 1 个月后就全部脱光,不再复生。体形呈长方形,结构匀称,骨骼坚实,背腰平直,肋骨开张良好,臀部宽大,稍倾斜,尾短而上翘。乳房发育尚可。四肢坚强有力,步态如马,频频点头。皮厚而松软,毛稀无绒。毛被白色为主,有少量黑色和麻色。按毛短可分为长毛型和短毛型两种类型。按背脊可分为"双脊"和"单脊"两类。以"双脊"和"长毛"型品质较好(图 1-10)。

图 1-10　马头山羊

③生产性能　初生重:单胎公羊 1.95 kg±0.19 kg,母羊 1.92 kg±0.35 kg。双胎公羊 1.70 kg±0.25 kg,母羊 1.65 kg±0.24 kg。在主产区粗放饲养条件下,公羔 3 月龄重可达 12.96 kg,母羊可达 12.82 kg,6 月龄阉羊体重 21.68 kg,屠宰率 48.99%,

周岁阉羊体重可达 36.45 kg,屠宰率 55.90%,出肉率 43.79%。该品种肌肉发达,肌肉纤维细致,肉色鲜红,膻味较轻,肉质鲜嫩。早期肥育效果好,可生产肥羔肉。板皮品质良好,张幅大,平均面积 8 190 cm²。其板皮厚薄适中,拉力弹性优于我国成都麻羊及南江黄羊等。另外,一张皮可烫退粗毛 0.3~0.5 kg,毛洁白、均匀,是制毛笔、毛刷的上等原料。

④生产应用　马头山羊抗病力强,适应性广,合群性强,易于管理,丘陵山地、河滩、农家庭院、草地均可放牧饲养,也适于圈养,在我国南方各省都能适应。华中、西南、云贵高原等地引种牧羊,表现良好,经济效益显著。

(2)成都麻羊

①产地　成都麻羊主要分布于四川成都平原及其附近丘陵地区,目前引入到河南、湖南等省。

②外貌特征　该品种头中等大小,两耳侧伸,额宽而微突,鼻梁平直,颈长短适中,背腰宽平,臀部倾斜,四肢粗壮,蹄质坚实呈坚实。体格较小、被毛深褐、腹下浅褐色,两颊各具一浅灰色条纹,具黑色背脊线。肩部亦具黑纹沿肩胛两侧下伸,四肢及腹部毛长(图 1-11)。

图 1-11　成都麻羊

③生产性能 具有生长发育快，早熟，繁殖力高，适应性强，耐湿热，耐粗放饲养，遗传性能稳定等特性，尤以肉质细嫩，味道鲜美，无膻味及板皮面积大，质地优为显著特点，此种为肉乳兼用型。

④生产应用 麻羊生长快，经过夏、秋放牧饲养，不喂精料，即可达到膘肥体壮，羊肉色泽红润，脂肪分布均匀，肉细嫩多汁，膻味较小。成都麻羊皮板组织致密，乳头层占全皮厚度一半以上，网状层纤维粗壮。加工成的皮革弹性好，强度大，质地柔软，耐磨损。成都麻羊具有肉、乳生产性能良好、皮板品质亦好、繁殖力高、适应性强、遗传性稳定特点，是我国优良的地方山羊品种。

(3)南江黄羊

①产地 南江黄羊原产于四川省南江县，是我国培育的第一个肉用山羊品种，1998年4月，农业部正式命名为"南江黄羊"。

②外貌特征 该品种被毛黄褐色，面部多呈黑色，鼻梁两侧有一条浅黄色条纹，从头顶至尾根沿脊背有一条宽窄不等的黑色毛带，前胸、肩、颈和四肢上段着生黑而长的粗毛。体型较大，大多数公、母羊有角，头型较大，颈部较粗，背腰平直，后躯丰满，体躯近似圆筒状，四肢粗壮(图1-12)。

图1-12 南江黄羊

③生产性能 成年公羊体重 66.87 kg,成年母羊体重 45.64 kg;成年羊屠宰率为 55.65%,6 月龄胴体重 11.89 kg,12 月龄胴体重 18.70 kg,最佳适宜屠宰期为 8～10 月龄,肉质好,肌肉中粗蛋白质含量高达 19.64%～20.56%;性成熟早,3 月龄就有初情表现,且四季发情,但母羊最佳初配年龄为 8 月龄,公羊 12～18 月龄可配种,产羔率为 187%～219%。

④生产应用 经各级专家鉴定,南江黄羊是我国唯一经人工选择培育而成肉用性能最好的肉用山羊新品种。种质特性良好,适应性强,具备肉用山羊推广品种条件,目前已推广到全国 28 个省、直辖市、自治区等地。无论是放牧或圈养,都能表现其优良性能,特别是利用南江黄羊公羊改良过的本地山羊,效果十分显著。

(4)贵州白山羊

①产地 贵州白山羊原产于黔东北乌江中下游的沿河、思南、务川等县,分布在贵州遵义、铜仁两地,黔东南苗族侗族自治州、黔南布依族苗族自治州也有分布。

②外貌特征 白色短毛,体型中等,大部分有角,角向同侧后上外扭曲生长;有须,腿较短,背宽平,体躯较长,丰满,后躯发育良好。头宽额平,颈部较圆,部分母羊颈下有一对肉垂,胸深,背宽平,体躯呈圆桶状,体长,四肢较矮。毛被以白色为主,其次为麻、黑、花色,毛被较短。少数羊鼻、脸、耳部皮肤上有灰褐色斑点(图1-13)。

③生产性能 周岁公羊体重平均为 19.6 kg,周岁母羊为 18.3 kg;成年公羊体重 32.8 kg,成年母羊为 30.8 kg。贵州白山羊肉质细嫩,肌肉间有脂肪分布,膻味轻。一般在秋、冬两季屠宰,屠宰率 53.30%,胴体净肉率 68.72%。性成熟早,公、母羔在 5 月龄即可发情配种,但一般在 7～8 月龄才配种。常年发情,一年产两胎,从 1～7 胎(4 岁左右)产羔率逐渐上升,为 124.27%～180%,品种平均产羔率 273.6%,年繁殖存活率为 243.19%。

④生产应用　贵州白山羊是贵州省优良的地方肉用山羊品种,种质特性良好,适应性强,繁殖性能好,肉用价值高。在生产中,可用于纯种繁育和与其他地方山羊品种杂交,对提高杂种后代的肉用性能,具有良好的改良作用。

图1-13　贵州白山羊

(5)陕南白山羊

①产地　陕南白山羊品种产于陕西南部地区,适合于亚热带湿润气候,主要分布于汉江两岸的安康、紫阳、旬阳、白河、西乡、镇巴、平利、洛南、山阳、镇安等县。

②外貌特征　陕南白山羊体格高大,结构匀称,骨骼粗壮结实、肌肉发育适中,体质偏重于细致疏松型。被毛刚粗洁白,有长有短,底绒较少,肤色粉红。头大小适中,清秀而略宽,额微凸,公、母羊皆有胡须,部分颌下有肉髯,耳小、直立,两耳灵活,有角或无角,多呈倒"八"字形,鼻梁平直。颈部粗短宽厚,与肩结合良好。胸部发达,胸宽而深,前胸饱满。背腰长而平直,腹圆大而紧凑,肋骨开张良好。尻短宽而略斜,臀部肌肉丰满,羯羊体躯成长方形。四肢结实、粗短,蹄质坚实。尾小、上翘,呈锥形。公羊有雄相,睾丸圆大,左右对称,母羊温顺,乳房基部面积较大,乳头整齐明显(图1-14)。

一、引种繁殖

图 1-14　陕南白山羊

③生产性能　陕南白山羊成年公羊平均体高 58.40 cm、体长 63.60 cm、胸围 74.07 cm、体重 33.0 kg,成年母羊分别为 53.16 cm、57.98 cm、68.73 cm,27.3 kg。皮板品质好,致密富弹性,拉力强,面积大,是良好的制革原料。陕南白山羊中的长毛型羊每年 3～5 月和 9～10 月份各剪毛一次,不抓绒。成年公羊剪毛量平均为 320 g±60 g,成年母羊平均为 280 g±70 g。山羊胡须和羊毛粗刚洁白,是制毛笔和排刷的原料;屠宰率:6 月龄为 45.5%,1.5 岁为 50%,2.5 岁为 52%;繁殖力强,产羔率为 259%。

④生产应用　该品种具有早熟、易肥、肉呈红色细嫩等优良特性。在生产中,可用于纯种繁育和与其他肉用山羊品种杂交,以提高杂种后代的产肉性能。

(6)建昌黑山羊

①产地　建昌黑山羊中心产区为四川省会理县、米易县和会东县,主要分布在四川凉山彝族自治州的会理、合东二县,该州的其他县也有分布。

②外貌特征　体格中等,体躯匀称,略呈长方形。头呈三角形,鼻梁平直,两耳向前倾立,公、母羊绝大多数有角、有髯,公羊角粗大,呈镰刀状,略向后外侧扭转,母羊角较小,多向后上方弯曲,向外侧扭转。毛被光泽好,大多为黑色,少数为白色、黄色和杂色,

· 15 ·

毛被内层生长有短而稀的绒毛（图 1-15）。

图 1-15 建昌黑山羊

③生产性能 该品种生长发育快，成年公羊平均体重31.1 kg，母羊 28.9 kg，2 月龄断奶公羔 7.1 kg，母羔 7.14 kg，周岁公羊体重相当于成年时的 71.6%，周岁母羊相当于成年时的76.4%，周岁羯羊宰前体重 22.1 kg，屠宰率 45.1%；繁殖性能高，4～5 月龄性成熟，7～8 月龄初配，母羊年产 1.7 胎，产羔率平均116.0%。

④生产应用 建昌黑山羊具有生长发育快、产肉性能和皮板品质好的特点。黑山羊肌纤维细，硬度小，肉质细嫩，味道鲜美，膻味极小，营养价值高。在生产中，可用于纯种繁育和与其他肉用山羊品种杂交，杂种后代的肉用性能有一定程度地提高。

（7）黄淮山羊

①产地 黄淮山羊广泛分布于黄淮流域，属于肉、皮用山羊品种。

②外貌特征 体型结构匀称，骨骼较细。鼻梁平直，面部微凹，下颌有髯。分有角和无角两个类型，有角者，公羊角粗大，母羊角细小，向上向后伸展呈镰刀状；无角者，仅有 0.5～1.5 cm 的角基。颈中等长，胸较深，肋骨拱张良好，背腰平直，体躯呈桶形。种

公羊体格高大,四肢强壮。母羊乳房发育良好、呈半圆形。毛被白色,毛短有丝光,绒毛很少。

③生产性能　当年春产公羔 9 月龄可达 22 kg,母羔 16 kg 左右。山羊肉质细嫩、膻味小,屠宰率 45% 左右。产区习惯于当年羔羊当年屠宰。黄淮山羊(图 1-16)具有性成熟早,生成发育快,四季发情,繁殖率高特性,一般 5 月龄母羔就能发情配种,部分母羊一年 2 胎或 2 年 3 胎,产羔率平均 230% 左右。对不同生态环境有较强的适应性,性成熟早,繁殖力强,皮板质量好。

④生产应用　通过与肉用山羊杂交,加强饲养管理,可提高黄淮山羊产肉性能。

图 1-16　黄淮山羊

(8)波尔山羊

①产地　波尔山羊原产于南非,是目前世界上公认的最受欢迎的肉用山羊品种之一,有"肉羊之父"的美称。

②外貌特征　波尔山羊具有良好的肉用体型,体躯呈长方形,背腰宽厚而平直,皮肤松软,有较多的褶皱,肌肉丰满。被毛短密有光泽、白色,头颈为红褐色,从额中至鼻端有一条白色毛带。头平直、粗壮,耳大下垂,前额隆起,颈粗厚,体躯呈圆桶状、匀称,肌

肉发达,后躯丰满,四肢短粗强健。公羊角较宽且向上向外弯曲,母羊角小而直(图 1-17)。

图 1-17 波尔山羊

③生产性能 成年公羊体重 90~100 kg,成年母羊体重 65~75 kg。羔羊出生重 3~4 kg,公、母羔羊 3 月龄断奶分别重 21.9 kg 和 20.5 kg。羔羊生长速度快,6 月龄内日增重为 225~255 g。肉用性能好,屠宰率 50%~60%,肉质细嫩,肌肉横断面呈大理石花纹状。繁殖性能好,母羊 6~7 月龄可初配,春羔当年可配种,1 年产 2 胎或 2 年产 3 胎。初产母羊产羔率 150%,经产母羊产羔率 220%。

④生产应用 波尔山羊被称为世界"肉用山羊之王",是世界上著名的生产高品质瘦肉的山羊。已被非洲许多国家以及新西兰、澳大利亚、德国、美国、加拿大等国引进。自 1995 年我国首批从德国引进波尔山羊以来,许多地区包括江苏、山东等地也先后引进了一些波尔山羊,并通过纯繁扩群逐步向周边地区和全国各地扩展,显示出很好的肉用特征,广泛的适应性,较高的经济价值和显著的杂交优势。通过与肉用山羊杂交,加强饲养管理,可提高黄淮山羊产肉性能。

(二)选种与引种

1.选种时应该考虑哪些问题?

(1)看当地的实际情况

快速提高肉羊生产性能的最有效措施是经济杂交利用,通过引进优良肉用品种羊改良地方羊品种以提高其生长速度和产肉性能。各地要根据地方品种的种质特点,有针对性地引种改良,以提高地方山羊的性能和生长速度。条件许可的情况下,要先做杂交改良试验,再确定改良目标,以免误入引种和炒种怪圈。

(2)看体型外貌

①外貌特征 种羊的体型、体况和体质应结实,前胸要宽深,四肢粗壮,肌肉组织发达。公羊要头大雄壮,眼大有神,睾丸发育匀称,性欲旺盛,特别要注意是否单睾或隐睾;母羊要腰长腿高,乳房发育良好。胸部狭窄,尻部倾斜,垂腹凹背,前后肢呈"×"状的母羊,不宜作种用。

②肉眼鉴定法 通常用肉眼观察,必要时也可与体尺测量鉴定相结合。肉眼鉴定的一般方法步骤是先概观,后细察。鉴定时,人与羊保持一定距离,由前面、侧面、后面、另一侧面,有顺序地进行。概观就是从整体个看羊的体型结构、品种特征、精神表现及有无明显的损征和失格等。待动态和静态结合观察取得一个概括性认识后,再走近羊体,对各部位进行细致的观察,最后综合比较分析,评定羊的优劣。

③综合评分法 根据品种特征和理想标准制订出评分表,各部分给予不同的分值或系数。外貌鉴定时,鉴定人可依据评分表对羊只评分,根据总分高低定出等级和优劣。外貌评分时,要排除

膘情、妊娠及年龄对外貌评定的影响。凡有窄胸、扁肋、凹背、尖尻、不正肢势("×"状后肢)、卧系及单睾、隐睾、瞎乳头等严重缺陷者,不得留作种用。

(3)看年龄大小

①根据育种记录或羊耳标、剪耳、墨刺、烙角等标号判断羊的年龄　羊场一般既有育种记录,又有每只羊的编号。根据育种记录可以准确查出羊只个体的年龄;根据羊的编号(耳标)可知羊的出生年份,推算出羊的年龄。

②根据羊牙齿判断羊的年龄　羊的年龄可根据出生记录和牙齿磨灭情况来确定,但在生产中主要依靠牙齿磨灭情况来判断,山羊共有32个牙齿,其中8个门齿全长在下颚。该法多用于生产羊场和散养的羊只年龄鉴定(表1-1)。

表 1-1　牙齿情况与年龄对照表

牙齿情况	年龄
两个或以上乳齿出现	初生至 1 月龄
第一对乳齿由永久门齿代替	1.5～2 岁
第二对永久门齿代替	2.5 岁
第三对永久门齿代替	3.5 岁
第四对永久门齿代替	4.5 岁
永久门齿磨成同一水平,第四对也出现磨损	5～6 岁
第一对门齿中央出现球形圆点	7～8 岁
第二对门齿出现球形圆点	8～9 岁
第四对门齿出现球形圆点	10～11 岁

羔羊3～4周龄时8个门齿就已长齐,为乳白色,比较整齐,形状高而窄,接近长柱形,称为乳齿,此时的羊称为"原口"或"乳口";到12～14月龄后,最中央的两个门齿脱落,换上两个较大的牙齿,

这种牙齿颜色较黄,形状宽而矮,接近正方形,称为永久齿,此时的羊称为"二牙"或"对牙";以后大约每年换一对牙,到8个门齿全部换成永久齿时,羊称为"齐口"。

所以,"原口或齐口"羊指1岁以内的羊,"对牙"为1~1.5岁,"四牙"为1.5~2岁,"六牙"为2.5~3岁,"八牙"为3~4岁。4岁以后,主要根据门齿磨面和牙缝间隙大小判断羊龄;5岁羊的牙齿横断面呈圆形,牙齿间出现缝隙;6岁时牙齿间缝隙变宽,牙齿变短;7岁时牙齿更短,8岁时开始脱落。

引种时要仔细观察牙齿,判断羊龄,以免误引老龄羊。

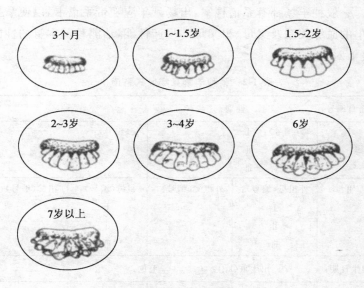

图1-18　年龄鉴别

③根据羊角轮判断年龄　角是角质增生而形成的,冬、春季营养不足时,角长得慢或不生长;青草期营养好,角长得快,因而会生出凹沟和角轮,每一个深角轮就是一岁的标志。羊的年龄还可以

从毛皮观察,一般青壮年羊,毛的油汗多,光泽度好;而老龄羊,皮松无弹性,毛焦。在生产中,主要根据牙齿脱换及其磨灭情况来判断羊的年龄。

(4)判断羊只健康状况

健康羊只活泼好动,两眼明亮有神,皮光毛顺,食欲旺盛,呼吸、体温正常,四肢强壮有力;病羊则被毛散乱、粗糙而无光泽,眼大无神,反应迟钝,食欲不振、呼吸急促,体温升高,或者体表和四肢有病等。

(5)要求随带系谱卡和检疫证

一般种羊场都有系谱档案,出场种羊应随带系谱卡,以便掌握种羊的血缘关系及父母、祖父母的生产性能,估测种羊本身的性能(表1-2,表1-3)。

表 1-2 某种羊繁育场竖式系谱卡

种畜禽编号:		性别:		品种:	
Ⅰ	母(编号): Ⅰ Ⅱ Ⅲ		父(编号):		
Ⅱ	外祖母(编号): Ⅰ Ⅱ Ⅲ	外祖父(编号):	祖母(编号): Ⅰ Ⅱ Ⅲ	祖父(编号):	
出生日期:		出生重(kg):		毛色:	
产地来源:	角型:	进场日期:	出场日期:	级别:	

表 1-3　某种羊繁育场横式系母谱卡

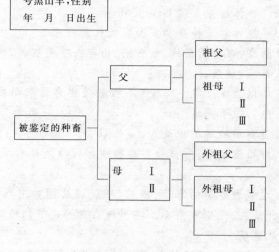

　　从外地引种时,应向引种单位取得检疫证,一是可以了解疫病发生情况,以免引入病羊;二是运输途中检查时,手续完备的畜禽品种才可通行。

　　种畜禽的引种检疫应严格按照种畜禽调运检疫技术规范(GB 16567—1996)进行,具体操作如下:

1　调出种畜禽起运前的检疫

1.1　检疫时间

调出种畜禽于起运前 15～30 d 内在原种畜禽场或隔离场进行检疫。

1.2　检疫项目和程序

调查了解该畜禽场近六个月内的疫情情况,着发现有一类传染病及炭疽、鼻疽、布鲁氏菌病、猪密螺旋体痢疾、绵羊梅迪/维斯那病、鸡新城疫和兔病毒性出血症的疫情时,停止调运易感畜禽。

查看调出种畜禽的档案和预防接种记录,然后进行群体和个体检疫,并作详细记录。

1.2.1　群体检疫　按 GB l6549 执行。

1.2.2　个体检疫　按 GB l6549 执行。

1.2.3　应作临床检查和实验室检验的疫病

羊:口蹄疫、布鲁氏菌病、蓝舌病、山羊关节炎脑炎、绵羊梅迪/维斯纳病、羊痘、螨病。

1.3　经以上 1.2.1～1.2.3 条检查确定为健康动物者,发给"健康合格证",准予起运

2　种畜禽运输时的检疫

2.1　种畜禽装运时,当地畜禽检疫部门应派员到现场进行监督检查

2.2　运载种畜禽的车辆、船舶、机舱以及饲养用具等必须在装货前进行清扫、洗刷和消毒。经当地畜禽检疫部门检查合格,发给运输检疫证明

2.3　运输途中,不准在疫区车站、港口、机场装填草料、饮水和有关物资

2.4　运输途中,押运员应经常观察种畜禽的健康状况,发现异常及时与当地畜禽检疫部门联系,按有关规定处理

3　种畜禽到达目的地后的检疫

3.1　种畜禽到场后,根据检疫需要,在隔离场观察 15～30 d

3.2　在隔离观察期内,须进行 1.2.1～1.2.3 条的检疫

3.3　经检查确定为健康动物后,方可供繁殖、生产使用

2. 如何选留羔羊?

(1)初生羔羊选择

羔羊出生后,看羔羊的体格发育情况是否正常,有无畸形,有无杂色毛,还需称量羔羊的初生重(羔羊生后 2 h 内体重)。一般体格发育不良的、畸形的、有杂色毛的、初生重太小的羔羊不能留作种用,只能育肥后屠宰。在初生选种时要注意多胎性的选择,尽

量从那些泌乳性能好、母性强、多胎的母羊或初产是双羔的母羊后代中选留种羊,就是体重低点也不要紧,以提高种羊的繁殖能力。

(2)断奶羔羊选择

一般在羔羊生后即 80～100 d 断奶时进行。主要是根据羔羊的断奶重(羔羊断奶时的空腹体重)、体格大小,毛色等情况而定。一般双羔个体比单羔个体断奶重小,断奶早的比断奶迟的个体断奶重小,所以在依据断奶重选择时要充分考虑这些因素。在实际生产中,选留羔羊时,以系谱成绩为主,个体表型为辅进行选留。

(3)周岁羊的选择

依据品种标准,先看整体结构、外形有无严重缺陷,被毛有无色斑,行动是否正常。然后进一步观察,公羊是否单睾、隐睾,母羊乳房发育情况等。鉴别羊的年龄,再根据体质外貌、体格、体重等进行选择。

3.如何选留后备羊?

将打算留作种用的公母羊统称为后备羊,选择后备羊时,可通过以下两个途径:

(1)根据祖先进行选择

即查看系谱成绩,要从品质优良的公母羊交配的后代中,全窝都发育良好的羔羊中选择,母羊需要第二胎以上,并且产羔多,双羔率要高。

(2)根据个体表型选择

即根据待选羔羊群中每个个体的初步表现决定是否留种。应从初生重大,生长发育快,体尺指标符合本品种标准,发育良好的羔羊中选择。

后备母羊的数量,一般要达到需要数量的 3～5 倍,后备公羊的数量通常为需要量的 2～3 倍,以防因当初的错选或优秀者中途因疾病等原因死亡,会造成育种或生产过程中最终的种羊数量不足,当然也要考虑后备羊只的生长发育差异性问题。如:某羊场按计划最终留种母羊 100 只,种公羊 20 只,那么选留的后备母羊 300～500 只,公羊 40～60 只。

4.如何选留种公羊?

俗话说:"公好好一坡,母好好一窝"。在某种意义上,种公羊承担的生产任务繁重,对羊群的整体生产方向和生产性能起决定性作用,因此,种公羊应体质健壮,精力充沛,敏捷活泼,食欲旺盛;其头略粗重,眼大有神,颈宽且长,肌肉发达,背腰平直且宽,肋骨拱张,尻平而宽长,正常站立时四肢肢势端正,被毛较粗而长,具有雄性的悍威,睾丸大小适中,包皮开口处距阴囊基部较远;鸣声高昂,臊味重是性欲旺盛的表现;凡单睾、隐睾及任何生殖器官畸形,即使其他方面都非常优秀的个体都不能作种用。

5.如何选留种母羊?

虽然种母羊没有种公羊重要,但种母羊要承担繁衍优良后代的任务,作为生产羔羊的一台"活机器"。要求种母羊反应灵敏,神态活泼,行走轻快,头高昂,食欲旺盛,生长发育正常,皮肤柔软富有弹性;体躯高大,胸深而宽,肋骨拱张,背腰宽长,腹大而不下垂,尻部宽长而平,后躯宽深,膘情中等偏上;乳房发育良好,青年羊的乳房圆润紧凑,紧紧地附着于腹部,老龄羊的乳房多表现下垂、松弛,呈长圆桶状。

6.引种前有哪些准备工作?

引种前的准备工作直接关系到引种的成功与失败,该项工作应认真对待,须做好以下几方面的工作。

(1)明确引种目的

引种是为了引进优良基因,改良和提高原有品种的生产性能或改变原有品种的生产方向,使其创造更高的经济价值。例如,在引进良种肉羊时,必须考虑肉羊的早熟性、生长发育速度、增重、屠宰率、净肉率和羊肉品质以及繁殖性能等。引种前必须明确引种的目的和任务，要根据当地或国内外养羊业的发展现状和今后市场变化情况进行认真研究，以免带来不必要的经济损失。

（2）制定引种计划

结合羊场的实际情况，根据种群更新计划，确定所需品种和数量，有选择性地引入优良品种，一方面进行纯种繁育，扩大利用；另一方面改良和提高羊场的羊群质量。新建种羊场应从所建羊场的生产规模、产品市场和羊场未来发展的方向等方面进行计划，确定所引进种羊的数量、品种。根据引种计划，选择质量高、信誉好的大型种羊场引种。

（3）确定引入品种

首先要明确引入什么品种？到哪里引种？引进多少羊只？在引种前要根据当地农业生产、饲草饲料、地理位置等因素加以分析，认真对比供种地区与引入地区的生态、经济条件的异同，有针对性地考察品种羊的特性及对当地的适应性，进而确定引进什么品种，是山羊还是绵羊。不同地区引进品种有很大不同，北方草原面积较大，气候寒冷，以饲养毛用、绒用的绵羊为主；黄河中下游地区则适合小尾寒羊等多种类型的羊群生长，淮河以南地区高温多雨，则适于饲养山羊。如果北方引进山羊则难以越冬，南方引进绵羊、绒山羊则难以越夏，引入品种均会丧失原有的特性。

因此，农户应结合自己所处的地理位置、环境条件确定引入羊的品种，根据圈舍、设备、设施、技术水平和财力等情况确定引进羊只数量，做到既有钱买羊，又有钱养羊。

（4）考察供种单位

引入国内肉羊品种时，一般应选择该品种主产地区的种羊场引种。引入国外品种时，一般都在国内科研部门及育种场去引种。在缺乏对某品种的全面认识，不能辨别其优劣时，最好不要到主产地区以外的地方去引种。引种时要本着"耳听为虚，眼见为实"的原则，尤其对于通过网络广告得知的种羊场，对供种单位必须进行详细的实地考察,切忌"图小便宜吃大亏",最终造成品种质量无法保证。

第一,要了解种羊场是否有省级农牧部门签发的"营业执照"、"种畜禽生产许可证"和"动物卫生防疫合格证";第二,要理清楚羊场的发展历史、种羊生产及推广销售情况、疫病防治状况、幼龄羊、种羊及肉羊价格、售后服务等情况。经过全面详细考察后,选择有实力、信誉好、质量高、管理严格、售后服务完善的大型种羊场引入种。

(5)确定切实可行的引种方式

生产当中,常见的引种方式有以下三种,各场可根据实际情况选择适合自身的引种方式。

①活体引入　此方式是最常用的引种方式,即从供种单位直接购进种羊。该方式要求对引进种羊有比较直观全面的了解,引种后能直接使用,但运输过程中的管理较为麻烦,要求引种地和目的地在气候、饲草饲料、饮水和饲养管理等方面差别不大,需要大量的人力、物力和财力,风险及经费投资较大。

②引进冷冻精液　引进优良公羊的冷冻精液,然后进行人工授精。这种引种方式仅需液氮罐,携带运输轻便、安全,投资不大,而且易于推广。现阶段,我国多地已普遍采用,是一种较好的引种方式,但要注意冷冻精液的质量。

③引进冷冻胚胎　引进良种肉羊的冷冻胚胎,然后进行胚胎移植,生产优良个体。这种方式不需引进种母羊就可以生产,且运输方便,但要求操作人员具有精湛的技术水平,并且生产成本很高,在一般的农民养羊户中推广有一定的难度。

(6)圈舍、草料和人员的准备

①圈舍准备　已有羊只的羊场,引种前除要修缮羊舍,备足草料,配备饲喂、饮水、粪便清理等必要的设施外,并在种羊到场1周前对隔离羊舍进行全面彻底的消毒。新建羊场、新饲养农户引种前要建好圈舍,保证羊群晴避暴晒,阴避雨雪,冬避风寒,夏避

酷暑。

②草料准备 草料是物质基础,有了充足的草料,养羊就成功了一半。精料一般市场供应充足,来源容易。粗饲料、农作物秸秆、农副产品等必须在引种前有必要的储备。

③人员准备 羊场应对所引进的品种进行全面的了解,没有经验者可邀请具有养羊经验的专业人员,选择所需的种羊,把好品种关和质量关,并协助进行饲养、检疫、防疫、办理手续等。

(7)确定引种时间

在调运时间上应考虑两地之间的季节差异。如由温暖地区向寒冷地区引种羊,应选择在夏季为宜,由寒冷地区向温暖地区引种应以冬季为宜。另外,在启运时间上要根据季节而定,尽量减少途中不利的气候因素对羊造成影响。如夏季运输应选择在夜间行驶,防止日晒。冬季运输应选择在白天行驶。

一般春、秋两季是运输羊比较好的季节。从引种季节来说,气候适宜的季节是春、秋季,最好不在夏季引种,7～8月份天气炎热、多雨,不利于远距离运输。如果引种距离较近,不超过1 d的时间,可不考虑引种的季节,一年四季均可进行。

(8)确定公母比例,计算所引种羊数量

要依据羊场经济实力、气候特点、场地及人员条件、引种目的和配种方法等确定公母比例和引入种羊的数量。一般采取自然交配时,公母比例为1∶(20～30),人工授精为1∶(300～500),计算种羊数量时常以母羊定公羊。

举例:某羊场根据条件决定从外地引入基础母羊800只,引种后采用人工授精方法,则引入公羊数量为2～3只,当然在实际引种时,为了防止中途死亡,可适当增加引种数量。

(9)其他准备工作

对于较大规模的引种企业,还应做好饲养人员的招聘、培训、管理、财务、兽医人员的配备,人员分工和各项规章制度的建立,做到有章可循,有条不紊,忙而不乱。

7.供种场现场选种时,重点考察种羊的哪些指标?

(1)品种特征

优良个体应具备该品种的特征:如体型外貌、生产特征、适应性等。其中,体型外貌包括"头形、角形、耳形及大小、头毛着生情况、背腰是否平直、四肢是否端正、蹄色是否正常及整体结构等",尤其体型外貌方面不应存在任何缺陷。

(2)生产性能

优秀的个体应是种群中生长发育的佼佼者,至少主要生产指标均高于群体平均值。如体重、体尺、生长发育速度和繁殖力等。

(3)健康状况

选择无任何传染病,体质健壮,生长发育良好,四肢运动正常。母羊乳房紧凑,乳头整齐、发育良好。公羊睾丸大小正常,无隐睾、单睾现象。

(4)系谱资料

依据羊只系谱查看所选个体的父本、母本、祖父、祖母的生产成绩,特别是父本和母本的生产成绩,并在引种时索取加盖单位公章的系谱资料。

8.如何调运和管理种羊?

(1)专车运输

在种羊运载 24 h 之前,必须对运载车辆和配备用具进行 2 次以上的严格消毒,最好能空置 1 d 后再装羊,装车前用 2%～5% 烧碱、5%～10% 的石灰溶液、1%～3% 来苏水、0.3% 高锰酸钾等刺激性较小的消毒液彻底消毒一次。

羊属于中小型动物,根据路途远近确定运输方式,运输羊只以汽车运输最佳,方便、灵活、迅速,应该将种羊按性别、大小、强弱进行分群装车,不能太拥挤,车厢最好能分成小格。一般安排每 10 m^2 容纳 15～20 头为一个隔栏,车厢内应铺设垫草垫料。

（2）减少应激

为了防止羊只在运输过程中出现应激和造成肢蹄损伤,避免在运输途中死亡和感染疫病。要求供种场提前 2 h 对准备运输的种羊停止投喂饲料。上车时不能装得太急,注意保护种羊的肢蹄,装羊结束后应固定好车门。长途运输的种羊,应给种羊口服维生素 C 或电解多维等抗应激药物,以防过度疲劳,对表现特别兴奋的种羊,可注射适量氯丙嗪等镇静针剂。

（3）保暖防暑

冬季要注意保暖,夏天要重视防暑,切忌炎热时间装运种羊。夏天可在早晨和傍晚装运,途中应注意供给饮水,防止种羊中暑,运羊车辆应备有帆布或遮阳网,如果遇到烈日或下雨时,应将帆布或遮阳网遮于车顶上面,防止烈日直射和雨淋,车厢两边的帆布或遮阳网应挂起,以便通风散热;冬季可在上午 9 时以后气温回升时装运,同时注意车厢迎风面的保暖,可以在车厢周围蒙上帆布。

（4）观察羊群

汽车运输要遵循"先慢后快常停车"的原则,运输途中要适时停歇,检查有无异常,对趴下、跌倒的羊只应及时拉起、保护,否则就会因被踩、挤压而窒息死亡,特别是上下坡时更要注意经常检查。如羊只出现呼吸急促、体温升高等异常情况,应及时采取有效的措施,可注射抗生素和镇痛退热针剂,必要时可采用耳尖放血疗法。大批量运输时最好能准备一辆备用车,以免运羊车出现故障,停留时间太长而造成不必要的损失。

（5）严格检疫制度

种羊运输前必须经检疫后方可决定是否调运。检疫可以保证引进健康的种羊,同时能防止传染病的带入和传播,它是引种中必须要做的一项工作,由县级以上动物检疫站来完成。检疫项目一般有临床检查和传染病检查,包括布氏杆菌病、蓝舌病、羊痘、口蹄疫等,确保种羊健康无病。

9.种羊引入场后如何管理？

种羊到达目的地后,不要急于大喂大饮,可先给予优质易消化的饲草和少量多次的清洁饮水及适量的麸皮。否则易引起羊只的消化不良、口膜炎或眼的结膜炎而造成吃草困难或其他不良反应,应及早对症治疗。

(1)及时消毒

种羊到达目的地后,在进场前应对车辆、羊只及车周围地面进行消毒,然后将种羊卸下,按大小、公母进行分群饲养,有损伤及其他非正常情况的种羊应立即隔开单栏饲养,并及时治疗处理。

(2)隔离观察

新引进的种羊,不能直接转入生产区,应先在隔离舍饲养 30 d 左右,等羊只能适应新环境,可正常采食、饮水、活动和健康无病后方可转入生产区,否则可能产生环境应激,或者因检疫漏洞给羊场带来新的疫病。

(3)科学饮水

种羊进入隔离舍后,先给羊只提供一定量的淡盐水或口服补液盐,休息 6～12 h 后方可供给少量优质的青、干草,有条件时第二天可组织放牧,由近到远,逐渐加大放牧强度。种羊到场后的前两周,由于疲劳加上环境的变化,机体对疫病的抵抗力会降低,饲养管理上应注意减少应激,可在补饲料中添加畜用电解多维,使种羊尽快恢复正常状态。

(4)观察检疫

种羊引入后,在隔离舍应做到"勤观察,严检疫"。尤其对布氏杆菌、伪狂犬病(PR)等传染性疾病引起高度重视,需请当地兽医检疫部门的专业技术人员对抽取的血样进行化验检测,并在兽医人员的配合下,确认种羊无任何异常情况下方可转入生产区进行饲养。

（5）防疫驱虫

种羊到场一周开始，应按本场的免疫程序接种相应疫苗，后备种羊在此期间可做一些引起繁殖障碍疾病的疫苗注射，如三联四防苗、细小病毒苗、乙型脑炎疫苗等。接种完疫苗后，可使用长效伊维菌素或阿维菌素等广谱驱虫剂进行一次彻底驱虫。

（三）发情鉴定

1.怎样组织母羊的发情鉴定工作？

（1）掌握母羊的发情规律

母羊的初情期与性成熟　当母羊生长、发育达到一定的年龄和体重时，出现首次发情并排卵，即到了初情期。处于初情期的母羊有发情但不明显，排出的多不成熟，且身体发育不完全，所以此时还不能配种。绵羊的初情期一般为4～8月龄，某些早熟多胎品种如小尾寒羊、湖羊的初情期为4～5月龄；山羊初情期多为4～6月龄。

在初情期的基础上，母羊再经过一段时的生长发育，生殖器官已发育完全，具备了繁殖能力，这时称为性成熟期。性成熟后就能配种、妊娠并繁殖后代，但为了延长种羊使用年限，其体重达到成年羊的70%以上时即可正式配种产仔。肉用母羊适宜配种年龄为10～12月龄，早熟品种、饲养管理条件好的母羊，配种年龄可略早。

（2）发情与发情周期

①发情　指母羊发育到一定阶段所表现的一种周期性的性活动现象。母羊发情包括三个方面的变化：一是母羊的精神状态，母羊发情时，常常表现兴奋不安，对外界刺激反应敏感，食欲减退，有交配欲。二是生殖道的变化，发情中期，在雌激素的作用下，生殖道发生了一系列有利于交配活动的生理变化，如发情母羊外阴松

弛、充血、肿胀,阴蒂勃起,阴道充血、松弛并分泌有利于交配的黏液,子宫颈口松弛、肿胀并有黏液分泌。子宫体增长,基质增生、充血、肿胀,为受精卵发育做好准备。三是卵巢的变化,母羊在发情前 2~3 d 卵泡发育很快,卵泡内膜增厚,卵泡液增多,卵泡部分突出卵表面,卵子被颗粒层细胞包围。

②发情持续期 指母羊每次发情后持续的时间称为发情持续期,绵羊发情持续期一般为 24~36 h,平均为 30 h 左右,山羊一般为 24~48 h,以 40 h 居多。

③发情周期 指母羊从上一次发情开始到下次发情间隔时间。在一个发情期内,未经配种或虽经配种未受孕的母羊,其生殖器官和机体发生一系列周期性变化,到一定时间会再次发情。绵羊发情周期平均为 16 d(15~21 d),山羊平均为 21 d(18~24 d)。

④排卵 母羊排卵一般多在发情开始后 12~36 h,排卵数一般为 1~4 个,卵子排出后保持受精能力的时间为 15~24 h。公羊精子在母羊的生殖道内维持受精能力的时间为 24 h 以内,为了使精子和卵子得到充分的结合,最好在排卵前数小时配种。生产中,早晨试情后,挑出发情母羊立即配种,为保证受胎,傍晚应再配 1 次(图 1-19)。

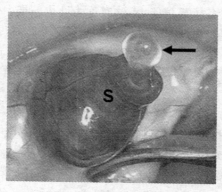

图 1-19 卵巢排卵

（3）明确发情鉴定对象

不是对场内所有母羊做发情鉴定，应明确鉴定对象，为了提高工作效率，主要有两类：

①配种后一个发情周期的母羊　母羊配种后经过一个发情周期，即绵羊配种后 17 d，山羊配种后 21 d，若出现返情，加之体况、食欲、膘情和被毛等没有发生变化，则可初步判定该母羊没有配准或怀孕，要做好补配工作。

②空怀基础母羊和体成熟的母羊　可根据母羊的行为、食欲变化、外生殖器的变化等判断发情的个体，做到适时配种。

（4）发情鉴定方法

在实际生产中，羊常用发情鉴定的方法有外部观察法和试情法两种。

①外部观察法　通过直接观察母羊的行为、精神状态、食欲和生殖器官等方面的变化来判断母羊是否发情，这是母羊发情鉴定最基本、最常用的一种方法。母羊发情时表现精神兴奋，焦躁不安，目光呆滞，食欲减退，咩叫求偶，频繁摆尾，排尿次数略有增加，外阴部红肿，流露黏液，发情初期黏液透明、中期黏液呈牵丝状、量多，末期黏液呈胶状。当有公羊追逐或爬跨发情母羊时，母羊叉开两后腿且站立不动，尾巴上翘，接受公羊交配。

第一次配种的母羊即处女羊往往发情不明显，要多注意观察初配母羊，不要错过配种时机，否则会浪费发情周期，增加饲养成本。

②试情法　在配种期内，每天早、晚各一次将试情公羊放入母羊群，接受试情公羊爬跨的母羊即为发情羊（图 1-20）。试情公羊要选择身体健壮，性欲旺盛，无疾病，年龄 2～5 岁，生产性能较好的公羊。为避免试情公羊偷配母羊，可给试情公羊系上试情布，布条长 40 cm，宽 35 cm，四角系上带子，每当试情时将其拴在试情羊腹下，使其无法直接交配。试情公羊应单独喂养，加强饲养管理，远离母羊群，防止偷配。对试情公羊每隔 1 周应本交或排精一次，

以刺激其性欲。试情应在每天清晨进行,试情公羊进入母羊群后,用鼻去嗅母羊,或用蹄子去挑逗母羊,甚至爬跨到母羊背上,母羊不动,不拒绝,或伸开后腿排尿,这样的母羊即为发情羊。发情羊应从羊群中挑出,做上记号。初配母羊对公羊有畏惧心理,当试情公羊追逐时,不像成年发情母羊那样主动接近,但只要试情公羊紧跟其后者,即为发情羊。试情时公、母羊比例以(2~3):100为宜。

图1-20 羊的试情

③阴道检查法 通过观察阴道黏膜、分泌物和子宫颈口的变化来判断是否发情的方法称为阴道检查法。进行阴道检查时,将母羊保定,外阴部冲洗干净,开腟器清洗、消毒、烘干后,涂上灭菌润滑剂或用生理盐水浸湿。检查人员将开腟器(图1-21,图1-22)前端闭合,慢慢插入阴道,轻轻打开开腟器,通过反光镜或手电筒光线检查阴道变化。发情母羊阴道黏膜充血,表面光亮湿润,有透明黏液流出,子宫颈口充血、松弛、开张,有黏液流出。检查完毕后稍微合拢开腟器,抽出。

2.怎样促进母羊发情排卵?

在实际生产中,为了保证基础母羊正常发情、排卵和适时配种,提高基础羊群的利用率和产羔数,充分发挥母羊的繁殖性能,

图 1-21　开膣器

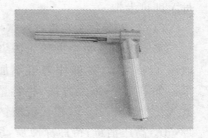

图 1-22　膣镜灯

防止空怀,促使不发情的母羊和发情后配不准的母羊正常发情排卵,对不发情和发情不正常的母羊,可根据具体情况,选用以下方法实施人工催情。

(1)异性诱导催情

在母羊群内放入性欲旺盛的试情公羊,由于试情公羊追逐不发情母羊,公羊爬跨以及母羊接触公羊等异性刺激,从而促使母羊发情排卵。

(2)激素药物催情

对于卵巢功能下降而不发情的经产母羊注射一定量的雌激素类药物,打破母羊卵巢的静止状态,激发卵巢功能,从而使母羊出现发情并排卵,常用的药物和药剂量为:苯甲酸雌二醇 $4 \sim 8$ mg;己烯雌酚 $5 \sim 10$ mg;二酚乙烷 $8 \sim 15$ mg;三合激素(每毫升含丙酮酸睾丸素 25 mg、黄体酮 12.5 mg、苯甲酸雌二醇 1.5 mg)$0.5 \sim 1$ mL。母羊注射药物后即可出现发情症状,但往往在前 $1 \sim 2$ 个发情期不排卵,此时需加强营养,改善生活环境,以后母羊的发情期则可排卵,并能配种怀孕。

(3)孕妇尿催情

收集怀孕 6 月龄以上健康孕妇清晨第一次排出的尿液 100 mL,加入 0.5%碳酸溶液 3 mL,混合均匀,煮沸过滤,即制成催情剂。空怀母羊隔日皮下注射一次,每次 $5 \sim 10$ mL,连用 3 d,

母羊即可发情。

(4)孕马全血或孕马血清催情

采集无血液寄生虫和无传染性贫血的怀孕 40～90 d 的母马血液 4～8 ML(立即注射可不加处理),直接注射于母羊颈部皮下。如需保存,采集方法:将容量为 200 mL 的棕色玻璃瓶洗净,放入化学纯硼砂 4 g、硫代硫酸钠 2 g(或柠檬酸钠 10 g)及蒸馏水 12 mL,高压消毒,待瓶凉冷后,用无菌方法自母马颈静脉采血,采血过程中,需摇动瓶子,采至 200 mL 刻度后,塞上消毒瓶塞,摇动 15 min,置于阴凉处备用。母羊每日注射一次,每次 5～10 mL,连用 2～3 d,一般在注射后 2～10 d 母羊即可发情排卵。

图 1-23　羊的催情药物

(四)配种安排

1.如何制定配种计划?

安排羊的配种计划一般根据各地气候特点、饲料状况、各羊场每年的产羔次数和产羔时间来定。目前主要有季节型产羔计划和密集型产羔计划两种,实际生产中,可根据自身状况来选择并制定适宜的配种计划。

（1）季节型产羔

在北方、高原地区或饲养管理粗放的地区,气温的季节性变化明显,有枯草期和旺草期之分,为了提高羔羊成活率和母羊繁殖率,选择一年产一胎,通常有冬季产羔和春季产羔两种。如果在当年8~9月份给母羊配种,羔羊在当年1~2月份出生,即产冬羔;如果在当年11~12月份给母羊配种,羔羊在第二年4~5月份出生,即产春羔。

（2）密集型产羔

随着工厂化高效养羊的发展,特别是肉羊及肥羔生产的迅速发展,高频繁殖生产体系的建立已广泛应用。这种生产体系采用繁殖生物工程技术,打破母羊季节性繁殖的限制,一年四季发情配种,全年均衡生产羔羊,充分利用饲草资源,使每只母羊每年所提高的胴体重量达到最高值。

①一年两产体系　一年两产体系可使母羊的年繁殖率提高90％～100％,在不增加羊圈设施投资的前提下,母羊生产力提高1倍,生产效益提高40％～50％。一年二产体系的核心技术是母羊发情调控、羔羊超早期断奶、早期妊娠检查。按照一年二产生产的要求,制定周密的生产计划,将饲养、兽医保健、管理等融为一体,最终达到预定生产目标。从已有的经验分析,该生产体系技术密集,难度大,只要按照标准程序执行,一年二产的目标可以达到。一年二产的第一产宜选在12月,第二产选在7月。

②二年三产体系　二年三产体系是国外20世纪50年代后期提出的一种生产体系,沿用至今。要达到二年三产,母羊必须8个月产羔一次。该生产体系一般有固定的配种和产羔计划:如5月份配种,10月份产羔;1月份配种,6月份产羔;9月份配种,2月份产羔。羔羊一般是2月龄断奶,母羊断奶后1个月配种。为了达到全年的均衡产羔,在生产中,将羊群分成8月产羔间隔相互错开的4个组,每2个月安排1次生产。这样每隔2个月就有一批羔

羊屠宰上市。如果母羊在第 1 组内妊娠失效,两个月后可参加下一个组配种。用该体重组织生产,生产效率比一年一产体系增加 40%。该体系的核心技术是母羊的多胎处理、发情调控和羔羊早期断奶,强化育肥。

③三年四产体系 三年四产体系是按产羔间隔 9 个月设计的,有美国 BELTSVILLE 试验站首先提出的,这种体系适宜于多胎品种的母羊,一般首次在母羊产后第 4 个月配种,以后几轮则是在第三个月配种,即 1 月份、4 月份、6 月份和 10 月份产羔,5 月份、8 月份、11 月份和翌年 2 月份配种。这样,全群母羊的产羔间隔为 6 个月、9 个月。

④三年五产体系 三年五产体系又称为星式产羔体系,是一种全年产羔的方案,由美国康奈尔大学伯拉、玛吉等人经过精心设计提出的。羊群可被分为 3 组。开始时,第一组母羊在第一期产羔,第二期配种,第四期产羔,第五期再配种;第二组母羊在第二期产羔,第三期配种,第五期产羔,第一期再次配种。如此周而复始,产羔间隔 7.2 个月。对于 1 胎 1 羔的母羊,1 年可获 1.67 个羔羊,若 1 胎产双羔,1 年可获 3.34 个羔羊。

2. 如何确定最佳配种时机?

母羊在正常的膘情下,发情是有一定规律的,一般绵羊的发情周期为 16～17 d,发情持续时间 24～36 h;山羊的发情周期为 20～21 d,发情的持续时间为 36～40 h。按照一般规律,母羊排卵一般在发情末期至发情结束后 8～12 h,因此,配种适宜时间是:绵羊在发情开始后 10～15 h,山羊在发情开始后第二天下午或第三天上午。为不误配种时机,可根据母羊的发情症状人工辅助配种,也可采用重复输精,即在母羊发情后开始接受交配时输精一次,过 10～12 h 后再复配一次,使母羊在发情排卵期内生殖道内保持足够活力的公羊精液,以此提高母羊的受胎率。

3.怎样组织自然交配工作？

对于规模较小的农户养羊、分散的养羊小区或初配母羊,由于设备设施、人员技术等原因,多采用自然交配方法。具体的做法是:

一旦发现发情母羊并确信达到配种时机,根据母羊体格大小、体质体况,选择与它相匹配的健康公羊为配偶,事先将发情母羊隔离,并做好配偶双方体表的卫生清洁工作,让公羊自然与母羊交配,然后间隔 10～12 h 在用同一个体或不同个体复配一次,前者叫重复配,后者叫双重配,配种结束后填好配种记录表。该方法省工省事,若公母比例控制在 1：(20～30),仍可获得较高的情期受胎率。

4.怎样组织羊的人工辅助交配？

这种配种方法是为考虑配偶的体型体重、年龄、体质等方面的差异,导致不能顺利完成自然交配,配种员要进行相关辅助。具体做法是:

非配种期将公母羊分群隔离放牧或饲喂,防止偷配,在配种期内,用试情公羊试情,当发情母羊体型较小或体质较差时,可对母羊进行保定并通过切合实际的手段提高其支撑能力,帮助公母完成自然交配。但在实际生产中,若有条件时建议采用人工授精。

5.如何设计和填写配种记录表？

配种记录表是羊场必不可少的生产记录资料。该表格包括"配种日期、配偶品种、配种方法、配种方式、预产日期等"内容,能反映配偶双方的血缘关系,年龄、胎次等,同时有利于搞好怀孕母羊饲养管理、保胎防流产及分娩接产等工作,另外也是建立个体系谱、群体系谱和评价基础羊群繁殖性能及查找原因的原始资料。羊场配种记录表的格式和设计因场而异,但多数采用以下设计形式,供大家参考(表 1-4)。

表 1-4 羊场配种、生产记录表

序号：

耳号	品种	胎次	配种次数	配种时间 月	配种时间 日	配种时间 时	与配公羊 品种	与配公羊 耳号	配种方式	配种执行人	预产期 年	预产期 月	预产期 日	分娩日期 年	分娩日期 月	分娩日期 日	羔羊数	产羔情况 活仔	产羔情况 其中 木乃伊	产羔情况 其中 弱仔	产羔情况 其中 死胎	分娩执行人
			主																			
			复																			
			主																			
			复																			
			主																			
			复																			
			主																			
			复																			
			主																			
			复																			
			主																			
			复																			

6.怎样推算羊的预产期？

羊从开始配种怀孕到分娩的期间叫妊娠期，羊的妊娠期一般150 d左右，但随品种、个体、年龄、饲养管理条件的不同而异，如早熟的肉毛兼用或肉用绵羊品种的妊娠期较短，平均145 d左右，细毛羊品种妊娠期150 d左右。羊的预产期可用公式推算：即配种月份加5，配种日期数减2，有时可减去所经过的大月数。

举例：一只母羊于2015年1月6日配种，其预产期应为2015年6月4日。当遇到配种日数为1时，计算时向前一月借，然后再计算预产期。

（五）人工授精技术

羊的人工授精是人为地利用假阴道采集种公羊的精液，经过精液品质检查等一系列处理后，再通过输精器械将精液输入发情母羊生殖道内，达到母羊受胎的配种方式。人工授精可以提高种公羊的利用率，既加速了羊群的改良进程，防止疾病的传播，又节约饲养大量种公羊的费用。

1.怎样安排采精前的准备工作？

（1）人工授精器材、药品的准备

给羊实施人工授精时，应配备的仪器设备主要有假阴道外壳、内胎、气嘴、集精瓶、双链球或小打气筒、恒温水浴箱、显微镜、盖玻片、载玻片、0.9％生理盐水、凡士林、液状石蜡、稀释液、开膛器及输精器等，当然可根据实际情况选择，必需品包括采精、精液品质检查和输精器械。

（2）人员准备

参与羊人工授精的所有人员必须经过有关技术培训和技能训练，具有相关技能资格证书方可上岗。在实际生产中，负责器械消毒、假阴道安装与调试、台羊保定、公羊调教和采精等各岗位人员要相对固定,分工明确,协调配合。

(3)种公羊的准备和调教

用于人工授精的种公羊首次采精时的年龄应在 1.5 岁左右,且每年按要求进行个体等级鉴定,并从中选出主配优秀公羊,并在配种前 1 个月做好种公羊采精或配种时的调教工作。

调教时,选择发情盛期的母羊与其交配,隔 1 d 训练 1 次,当公羊养成能顺利爬跨、交配并射精的习惯后,可利用经发情母羊尿液处理的不发情母羊或假台羊诱发公羊爬跨并完成采精。

对于个别性欲不强而不愿意交配的公羊,可采取以下方法进行调教:

①将公羊和若干只健康母羊合群同圈,使其主动接近或爬跨母羊。每天用温水洗净阴囊,擦干,然后轻轻按摩公羊的睾丸,早晚各 1 次,每次 10～15 min,有助于提高其性欲。

②注射丙酸睾酮,隔日 1 次,每次 1～2 mL,可注射 3 次。

③把发情母羊阴道分泌物或尿液涂在种公羊鼻尖上,诱发其性欲。

(4)与配母羊的准备

通过外部观察和利用公羊试情,对发情母羊做以相关标记,记录其圈号、品种、耳号或采取隔离,准备配种或输精。

(5)做好选配计划

在实际生产中,要做好选配工作,必须解决好"为什么选配,如何选配及该注意哪些问题"。

①选配的意义　选配就是在选种的基础上,根据母羊的特点,为其选择恰当的公羊与之配种,以期获得理想的后代。合理的选配能巩固选种效果,使亲代的固有优良性状、分散在双亲个体上的不同优良性状以及细微的不很明显的优良性状累积起来传给下一代,对不良性状、缺陷性状给予削弱或淘汰。

②操作过程　如果要将公母羊双方相同的优良性状和特点集

中到后代身上,则采用"以优配优、巩固和提高优势"的同质选配方法。例如,体大增重快的母羊选用体大增重快的公羊相配,可使后代在体格大和增重快的得到继承和发展,而且当肉羊的某种或某几种生产性能提高到某种程度,再不能提高或满意后,用同质选配,它能提高肉羊群体的生产性能整齐度。

如果使公、母羊所具有的不同优良性状结合在后代身上,创造一个新的类型,或用公羊的优点纠正或克服与配母羊的缺点或不足,则采用"以优改劣、创造新类型"的异质选配方法。如用生长发育快、肉用体型好、产肉性能高的肉用型品种公羊,与对当地适应性强、体格小、肉用性能差的蒙古土种母羊相配,其后代在体格大小、生长发育速度和肉用性能方面都显著超过母本。

③选配时注意的问题　公羊等级高于母羊;具有相同或相反缺点的公母羊不能选配;配偶双方的等级至少在合格以上;适度近交,提高羊群整齐度。

④制定选配计划　在实际生产中,要根据羊场的性质、生产任务、生产方向和选配目的等综合考虑,制定切实可行的选配计划(表1-5)。

表1-5　羊的选配计划表

母羊	品种	预期配种时间	主要特征	与配公羊					选配方式
				主配		选配		主要特征	
				羊号	品种	羊号	品种		

2.怎样安装和调试假阴道?

安装假阴道时,注意内胎不要出褶,安装好后用75%酒精棉球消毒,再用生理盐水冲洗数次。采精前的假阴道内胎应保持有一定的压力、湿度和滑润度。为使假阴道保持一定的温度,应从假阴道外壳活塞处灌入 50~55℃的温水 150 mL,然后拧紧活塞,调节好假阴道内温度为 40~42℃。为保证一定的滑润度,用灭菌后的清洁玻璃棒蘸少许灭菌凡士林均匀抹在内胎的前 1/3 处,也可用生理盐水冲洗,保持滑润。通过通气门活塞吹入气体,使假阴道保持一定的松紧度,使内胎的内表面保持三角形合拢而不向外鼓出为适度(图 1-24,图 1-25)。

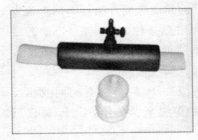 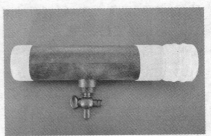

图 1-24　假阴道组成　　　　　图 1-25　装好的假阴道

3.怎样用假阴道给公羊采精?

种公羊的精液用假阴道采取(图 1-26)。采精操作是将台羊保定后,引公羊到台羊处,采精员蹲在母羊右后方,右手握假阴道,贴靠在母羊尾部,入口朝下,与地面成 30°~45°角,公羊爬跨时,轻快地将阴茎导入假阴道内,保持假阴道与阴茎呈一直线。当公羊用力向前一冲即为射精,此时操作人员应随同公羊跳下母羊背时将假阴道紧贴包皮退出,并迅速将集精瓶口向上,稍停,放出气体,取下集精瓶,盖好盖子,防止灰尘和其他杂质污染精液,并记录公羊品种及羊号,将集精瓶移交给精液处理员做精液品质检查。

在采精过程中,不允许太多人围观、大声喧闹,更不允许吸烟和打羊,采精时动作要稳、迅速并注意安全。采精次数根据公羊的体质体况决定，一般 1 d 1 次，每周不超过 5 次。采精期间必须给公羊加精料补充营养，有条件时补喂一定量的胡萝卜和鸡蛋，同时要加强运动，保持体力充沛。另外，采精期间不宜用药过多，发现疾病应立即停止采精，治愈后再采精。

图 1-26　羊的采精

4.怎样检查并评价精液品质？

精液品质和受胎率有直接关系，必须经过感觉器官和显微镜检查与评定方可输精。

（1）色泽

精液正常为乳白色，其他颜色均为异色，评价时肉眼观察。

（2）气味

将集精瓶瓶口对准鼻孔并用手轻轻扇动，气味为腥味而稍带膻味是正常，其他气味均为异味。

（3）射精量

绵羊一次射精量平均为 0.8～1.2 mL，山羊 0.5～1.5 mL。

（4）活力

将采集的新鲜精液取样制片，置于 100～200 倍的显微镜下观察评价，新鲜精液的活力要求在 0.7 以上。当然也可以通过观察新鲜精液的云雾状来判断精子活力的强弱。

（5）密度

生产中常用密度仪测量，要求精液中精子密度应在 20 亿～25 亿/mL 或以上。但密度仪价格昂贵，且操作人员需经过专门的技能训练，对大多数养殖场来说，常用普通显微镜来检查精子活力和密度（图 1-27，图 1-28）。

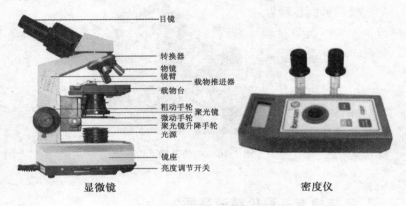

显微镜   密度仪

图 1-27　精液品质检查仪器

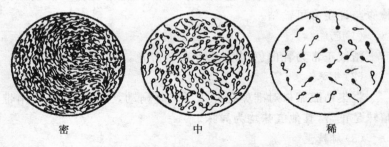

密　　　　　　中　　　　　　稀

图 1-28　精子密度检查及结果示意

5.新鲜精液稀释的操作过程是什么？

在生产中，为了扩大精液容量，提高精子活力，延长精子寿命，增加与配母羊数等目的,要对合格新鲜精液进行稀释。

(1)常见的精液稀释液

①生理盐水稀释液　用注射用的0.9%生理盐水或用经过灭菌消毒的0.9%氯化钠溶液。此种方法简单易行,但稀释倍数不宜超过两倍。

②葡萄糖卵黄稀释液　100 mL蒸馏水中加入葡萄糖3 g,枸橼酸钠1.4 g,溶解过滤后灭菌冷却至30℃,加新鲜卵黄20 mL,充分混合。

③牛奶(或羊奶)稀释液　将新鲜牛奶(或羊奶)用脱脂纱布过滤,蒸气灭菌15 min,冷却至30℃,吸取中间奶液可作稀释液。

(2)精液稀释操作要领

①上述稀释液,使用前每毫升稀释液应加入500 IU青霉素和链霉素。

②调整稀释液pH为7时方可使用。

③通过水浴,使原精液温度与稀释液等温,稀释时应在25～30℃下进行。

④所有与精液稀释过程有关的容器均要严格消毒,实施无菌操作。

⑤注意方向性,要将稀释液缓慢倒入精液中,否则会引起严重的稀释打击,降低精子活力甚至废弃。

6.怎样给发情母羊输精?

(1)输精前的准备

①输精器械清洗、消毒　输精前所有的器材要消毒灭菌,输精器和开膣器最好蒸煮或在高温干燥箱内消毒。输精器以每只羊准备1支为宜,若输精器不足,可在每次使用完后用蒸馏水棉球擦净外壁,再以酒精棉球擦洗,待酒精挥发后再用生理盐水冲洗3～5次,才能使用。连续输精时,每输完1只羊后,输精器外壁用生理盐水棉球擦净,便可继续使用(图1-29)。

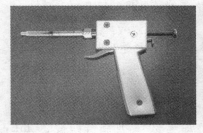

图 1-29 输精器

②安排输精人员 应穿工作服,手指甲剪短磨光,手洗净擦干,用 75％酒精消毒,再用生理盐水冲洗。

③输精母羊的保定 把待输精母羊赶入输精室,如没有输精室,可在一块平坦的地方进行。母羊的保定,正规操作应设输精架,若没有,可采用横杠式输精架。在地面上埋两根木桩,相距 1 m 宽,绑上一根 5～7 cm 粗的圆木,距地面约 70 cm,将待输精母羊的两后腿担在横杠上悬空,前肢着地,1 次可同时放 3～5 只羊,输精时比较方便。另一种简便的方法是由辅助员保定母羊,使母羊自然站立在地面上,输精员蹲在输精坑内。还可以由两人抬起母羊后肢保定,高度以输精员能较方便找到子宫颈口为宜(图 1-30)。

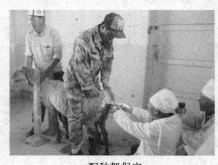

配种架保定　　　　　　　　　　　辅助员保定

图 1-30　母羊的保定

（2）操作方法

先刷试黏附在待输精母羊肛门和外阴部周围的杂草等并赶入输精场地，让其正常站立，将母羊外阴部用来苏水溶液擦洗消毒，再用清水冲洗擦干净，或用生理盐水棉球擦洗。输精人员将用生理盐水湿润过的开腔器闭合按阴门的形状慢慢插入，之后轻轻转动90°，打开开腔器。如在暗处输精，要用额灯或手电筒光源寻找子宫颈口，子宫颈口的位置不一定正对阴道，子宫颈在阴道内呈现一小凸起，发情时充血，较阴道壁膜的颜色深，容易找到，如找不到，可活动开腔器的位置，或改变母羊后肢的位置。输精时，将输精器慢慢插入子宫颈口内0.5～1 cm，将所需的精液量注入子宫颈口内。输精量应保持在有效精子数7 500万个以上，即原精液量0.05～0.1 mL。有时处女羊阴道狭窄，开腔器无法充分展开，找不到子宫颈口，这时可采用阴道输精，但精液量至少要提高一倍，为提高受胎率，每只羊一个发情期内至少输精两次，每次间隔8～12 h。

输精的关键是严格遵守操作规程，操作要细致，子宫颈口要对准，精液量要足，输精后要登记，按照输精先后组群，加强饲养管理，以便于增膘保胎（图1-31）。

图1-31　羊的输精

(六)妊娠诊断

1.妊娠母羊有哪些生理变化?

(1)外观变化

①食欲 妊娠母羊新陈代谢旺盛,食欲明显增强,消化能力提高。

②体重 由于胎儿的快速发育,加上母羊妊娠期食欲的增强,怀孕母羊体重明显上升。

③体况 怀孕前期因代谢旺盛,妊娠母羊营养状况改善,表现毛色光润、膘肥体壮;怀孕后期则因胎儿急剧生长消耗母体营养,如饲养管理较差时,妊娠母羊则表现瘦弱。

(2)生殖器官变化

①卵巢 母羊怀孕后,妊娠黄体在卵巢中持续存在,从而使发情周期中断。

②子宫 妊娠母羊子宫增生,继而生长和扩展,以适应胎儿的生长发育。

③外生殖器 怀孕初期阴门紧闭,阴唇收缩,阴道黏膜的颜色苍白。随妊娠时间的进展,阴唇表现水肿,其水肿程度逐渐增加。

2.如何应用外部观察法判断母羊怀孕?

母羊受孕后,在孕激素的制约下,发情周期停止,不再表现有发情症状,性情变得较为温顺。同时,孕羊的采食量增加,毛色变得光亮润泽。但这种方法不易早期确切诊断母羊是否怀孕,因此还应结合触诊法来确诊(图1-32)。

图 1-32　怀孕母羊外观变化

3.如何应用直肠-腹壁触诊法判断母羊怀孕?

将待检查母羊用肥皂水灌洗直肠排出粪便后使其仰卧,然后用直径 1.5 cm,长约 50 cm,前端圆如弹头状的光滑木棒或塑料棒做触诊棒,涂抹润滑剂,经母羊肛门向直肠内插入 30 cm 左右(注意贴近脊椎),一只手用触诊棒轻轻将直肠挑起以便托起胎胞,另一只手则在腹壁上触摸,如有胞块状物体即表明未妊娠。此法一般在配种后 60 d 进行,准确率可达 95%,85d 后准确率达 100%(图 1-33)。但在使用此法时,动作要小心,以防损伤直肠触及胎儿过重引起流产。

图 1-33　腹壁触诊法

4. 如何应用超声波诊断法判断母羊怀孕?

目前超声波探测仪有 A 超和 B 超,A 超主要探测是否怀孕,B 超主要探测胎儿生长发育情况,用它做早期妊娠诊断便捷可靠。其方法是:将待查母羊保定后,选择母羊乳房两侧及膝皱襞之间无毛区域涂上凡士林或液状石蜡,将超声波探测仪的探头对着骨盆入口方向探查,左右两侧各做 15°～45°摆动,然后贴随皮肤移动点再做摆动,同时密切注意屏幕上出现的图像进行识别。在母羊配种 40 d 以后,用这种方法诊断,准确率较高(图 1-34)。

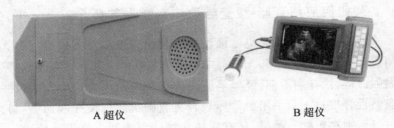

A 超仪　　　　　　　　　　　　B 超仪

图 1-34　超声波诊断仪

5. 如何应用阴道检查法判断母羊怀孕?

用开膣器打开配种后一段时间母羊的生殖道,妊娠母羊阴道黏膜的色泽、黏液性状及子宫颈口形状等出现一些特征性变化,据此来判断该母羊是否怀孕。

(1)阴道黏膜

母羊怀孕后,阴道黏膜为苍白色,但用开膣器打开阴道后,很短时间内即由白色又变成粉红色,而空怀母羊黏膜始终为粉红色。

(2)阴道黏液

孕羊的阴道黏液呈透明状,量少、浓稠,能在手指间牵成线。如果黏液量多、稀薄、颜色灰白,则视为未孕。

（3）子宫颈

孕羊子宫颈紧闭，色泽苍白，并有糨糊状的黏块堵塞在子宫颈口，人们称之为"子宫栓"。

（七）接产与产后护理

1.怎样做好接产前的准备工作？

（1）产房、用具及药品

临产前，应修整产房，做好产房的防寒保温工作。产房地面要打扫干净，垫草应干净、干燥，墙壁和地面要用2%的氢氧化钠溶液或3%的来苏水彻底消毒；地面上垫4～5指厚的细沙土或干土面，然后铺上干净柔软的褥草。产羔前，把产羔所用的饲槽、水槽、草架、水桶、拌料用具，以及与接产有关的碘酒、酒精、高锰酸钾、药棉、纱布、产科器械、标记和记录本等用品准备齐全。

（2）仔细观察产前母羊的生理变化

①乳房的变化　乳房在分娩前迅速发育，腺体充实，临近分娩时可以从乳头中挤出少量清亮胶状液体，或少量初乳，乳头增大变粗。

②外阴部的变化　临近分娩时，阴唇逐渐柔软，肿胀、增大，阴唇皮肤上的皱襞展开，皮肤稍变红。阴道黏膜潮红，黏液由浓厚黏稠变为稀薄滑润，排尿频繁。

③骨盆的变化　骨盆的耻骨联合，荐髂关节以及骨盆两侧的韧带活动性增强，在尾根及两侧松软，欣窝明显凹陷。用手握住尾根作上下活动，感到荐骨向上活动的幅度增大（图1-36，图1-37）。

④行为变化　母羊精神不安，食欲减退，回顾腹部，时起时卧，不断努责和鸣叫，腹部明显下陷是临产的典型征兆，应立即送入产房（图1-35）。

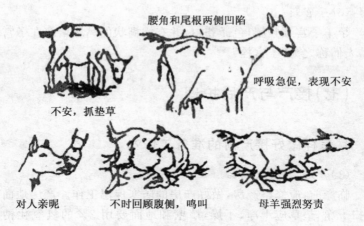

腰角和尾根两侧凹陷

呼吸急促，表现不安

不安，抓垫草

对人亲昵

不时回顾腹侧，鸣叫

母羊强烈努责

图 1-35　母羊分娩前的行为表现

2. 如何给分娩母羊助产？

母羊临近分娩时，乳房胀大，乳头竖立，手挤时可有少量浓稠的乳汁；骨盆韧带松弛，尾根两侧下陷（图 1-36），腹部下垂，肷窝凹陷，阴唇肿大潮红、有黏液流出；行动迟缓，撒尿次数频繁，时而回头看视腹部，常单独呆立墙角或趴卧，四肢伸直，不爱吃草，站立不安，有时鸣叫，前肢挠地，临产前有努责现象。发现上述现象，应快速送入产房，用温水洗净外阴部、肛门、尾根、股内侧和乳房，用 1‰～2‰ 来苏水溶液消毒。

首先剪去临产母羊乳房周围和后肢内侧的羊毛，用温水洗净乳房，并挤出几滴初乳，再将母羊尾根、外阴部、肛门洗净，用 1‰ 来苏水消毒。母羊生产多数能正常进行，羊膜破水后 10～30 min，羔羊即能顺利产出，两前肢和头部先出，当头也露出后，羔羊就能随母羊努责而顺利产出（图 1-37）。产双羔时，先后间隔 5～30 min，个别时间会更长些，母羊产出第一只羔羊后，仍表现不安，卧地不起，或起来又卧下，努责等，就有可能是双羔，此时用手在母羊腹部前方用力向上推举,则能触到一个硬而光滑的羔体。经产母羊产羔较初产母羊要快。

图 1-36　尾根下陷

图 1-37　努责分娩

羔羊产出后,应迅速将羔羊口、鼻、耳中的黏液抠出,以免引起窒息或异物性肺炎。羔羊身上的黏液必须让母羊舔净,既可促进新生羔羊血液循环,并有助于母羊认羔。冬天接产工作应迅速,避免感冒。

羔羊出生后,一般母羊站起脐带自然断裂,这时用 0.5% 碘酒在断端消毒。如果脐带未断,先将脐带内血向羔羊脐部挤压,在离羔羊腹部 3~4 cm 处剪断,涂抹碘酒消毒。胎衣通常在母羊产羔后 0.5~1 h 能自然排出,接产人员一旦发现胎衣排出,应立即取走,防止被母羊吃后养成咬羔、吃羔等恶癖。

3. 遇到母羊难产怎么处理?

羊膜破水 30 min 后,如母羊努责无力,羔羊仍未产出时,应立即助产。助产人员应将手指甲剪短,磨光,消毒手臂,涂上润滑油,根据难产情况采取相应的处理方法。如胎位不正,先将胎儿露出部分送回阴道,将母羊后躯抬高,手入产道校正胎位,然后才能随母羊有节奏的努责,将胎儿拉出;如胎儿过大,可将羔羊两前肢后复数次拉出和送入,然后一手拉前肢,一手扶头,随母羊努责缓慢向下方拉出。切忌用力过猛,或不根据努责节奏硬拉,以免拉伤阴道。若羔羊体重过大,母羊难以产出时,需进行剖腹产手术(图1-38,图1-39)。

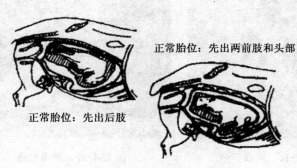

正常胎位:先出两前肢和头部

正常胎位:先出后肢

图1-38　正常胎位(单羔)

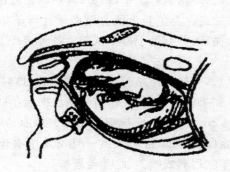

图1-39　正常胎位(双羔)

4. 分娩过程中,出现假死羔羊如何救治?

产出后的羔羊发育正常,不呼吸,但心仍跳动,称为假死。

对假死的羔羊抢救方法很多,首先清除呼吸道内吸入的黏液、羊水,擦净鼻孔,向鼻孔吹气或进行人工呼吸。或提起羔羊两后肢,悬空并拍击其背、胸部;或是让羔羊平卧,保持前低后高,手握前肢,反复前后屈伸,然后用手轻拍胸部两侧等。

5.新生羔羊如何护理保健?

母羊分娩后,应保证羔羊在初生后 30 min 内吃到初乳,吮乳前,先应剪去母羊乳房周围的长毛,用温水清洗乳房,擦干后,挤出陈乳并废弃,帮助羔羊吃到新鲜初乳。当母羊奶水不足,吃不到初乳的羔羊,最好能让其吃到其他母羊的初乳,否则很难成活(图 1-40)。

同时,由于刚出生的羔羊被毛稀短,皮下脂肪薄,抗旱能力差,要在羔羊活动和躺卧的地方铺设垫草,有条件时在羔羊躺卧的地方用电热板取暖,在羔羊够不着的头顶上方悬挂保温灯,这样有利于羔羊的保温防寒,当然还得注意羔羊的精神状态、活动、吃乳和排泄情况等,发现异常,及时处理(图 1-41)。

图 1-40　早吃初乳　　　　　图 1-41　保暖防压

6.产后母羊如何护理保健?

母羊产后体能下降,疲惫,口渴,应注意保暖、防潮、避风、预防感冒,保持安静,充分休息,同时饮用温度为 25～30℃ 的温开水,最好加适量食盐、红糖和麦麸或益母草等混合后的麸皮盐水汤,忌饮冷水。同时,母羊分娩后一般 1 h 左右胎盘会自然排出,应及时取走胎盘,防止被母羊吞食养成恶习。若产后 2～3h 母羊胎衣仍未排出,应及时采取措施。注意母羊恶露排出情况,一般产后 4～6d 排净恶露,检查母羊乳房有无异常或硬块。

(八)杂交改良

1.如何选择杂交父本?

应着重选择生长速度快、饲料利用率高和胴体品质好的肉羊品种或品系作父本。具有这些特性的一般为高度培育的品种或品系。再则,应根据类型来选择父本品种,用不同类型羊杂交比同类型羊杂交效果明显。因为不同经济类型的羊,具有不同的遗传性,杂交一般能产生较好的效果。

2.如何选择杂交母本?

一般应选择数量多、分布广而适应性强的地方品种或品系作为母本,这样羊源易解决,所得杂种后代亦易推广,对羊的生产作用大。开展肉羊杂交时,母本应选择繁殖性能好、产羔多、母性强和泌乳力高的品种或品系作母本。这些性状对后代的影响较大,关系到杂种后代在胚胎期和哺育期的存活和发育,因而影响杂种优势的表现。在不影响杂种生长速度的前提下,母本的体型不一定要求太大,体型太大饲料消耗不经济。

3.怎样开展肉羊经济杂交?

目前,肉羊杂交生产已成为我国肉羊生产的主要形式。常用的肉羊杂交模式有二元杂交、三元杂交和多元杂交。采用不同肉羊品种或品系进行杂交,可生产出比原有品种、品系更能适应当地环境条件和高产的杂种羊,极大地提高肉羊产业的经济效益。

（1）简单杂交

简单杂交即二元杂交，是两个肉羊品种或品系间的杂交（图1-42）。一般选择肉种羊做父本，本地羊做母本，杂交一代无论是公是母，都不作为种用继续繁殖，而是全部用于商品生产。二元杂交是最简单的一种杂交方式。杂交后代可吸收父本个体大、生长发育快、肉质良好和母本适应性好等优点，方法简单易行，应用广泛，但母本的杂种优势却没有得到充分的发挥。

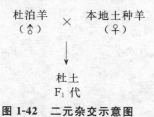

图 1-42　二元杂交示意图

（2）三元杂交

三元杂交是先用两个品种或品系杂交，所生杂种母畜再与第三个品种或品系杂交，所生二代杂种作为商品代。一般以本地羊作为母本，选择肉用性能好的肉羊作为第一父本，进行第一步杂交，产生体格大、繁殖力强、泌乳性能好的 F_1 代母羊，作为羔羊肉生产的母本，F_1 代公羊则直接育肥。再选择体格大、早期生长快、瘦肉率高的肉羊品种作为第二父本（终端父本），与 F_1 代母羊进行第二轮杂交，所产生 F_2 代羔羊全部肉用育肥（图 1-43）。

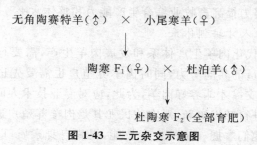

图 1-43　三元杂交示意图

（3）四元杂交

四元杂交又叫双杂交（图 1-44）。选择 4 个各具特点的绵、山羊品种或品系，如 A、B、C、D，先进行两两间杂交，即 A×B 和 C×D，或 A×C 和 B×D，产生的两组杂种后代为 FAB 和 FCD，然后再用 FAB 与 FCD 进行杂交产生"双杂交"后代 FABCD，全部作商品育肥。

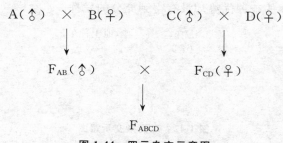

图 1-44　四元杂交示意图

4. 如何制定肉羊杂交繁育体系？

肉羊生产要想取得最佳经济效益，必须依靠优良的高产品种，科学的繁殖方法和先进的饲养管理技术，同时要积极探索现代肉羊产业化生产模式，建立相应的肉羊生产和人才培训体系，积极推广先进实用的科学技术，突出基础设施建设和草原生态建设，实施科技兴牧和可持续发展战略，加强优良新品种的引进、畜种改良和疫病防治，努力提高畜牧业综合生产能力和整体水平。

（1）建立人才培训体系

建立现代化肉羊生产体系和发展肉羊生产，需要行政领导和专业技术人员的共同努力，同时肉羊养殖户也需要先进的实用科学技术作为支撑才能养好肉羊，为此，应对专业技术人同进行专业培训，不断进行知识更新，对农牧民尤其是肉羊养殖户进行定期技术培训，使他们掌握一定的生产技能，提高自身素质，以促进肉羊生产技术的研究、开发和利用。

（2）建立良种肉羊繁殖体系

良种肉羊的来源主要有两个途径，一是引进，二是培育。由于培育新品种要花费很多人力、物力和相当长的时间，因此选择和引进适应当地生态条件，具有国内外先进肉羊生产水平的父系品种羊是发展肉羊生产的关键。

家畜改良工作站近几年引进优良肉羊品种，如萨福克、无角道塞特、帮德等绵羊，初步建立了良种羊繁育基地，进行种羊扩繁工作。并以良种羊为父本，当地大尾羊为母本进行经济杂交，取得了良好的经济和社会效益。

但由于种羊数量有限，质量参差不齐，发展规模很小，良种肉羊繁育体系尚未形成。售后工作重点应放在良种繁育体系的建设上，用现代繁殖技术迅速扩大良种羊数量，努力提高品种质量，为大规模肉羊生产提供良种资源。种羊三级繁育体系（核心种羊场—扩繁场—商品生产场）是一种很好的生产体系，种羊集中采精、短途运输，分散输精，广泛开展肉羊经济杂交，扩大规模，促进肉羊业向产业化、集约化方面发展。

（3）利用杂种优势，建立经济杂交利用体系

利用经济杂交产生的杂种优势进行肉羊生产是肉羊业发展中最成功的经验。畜改良工作站利用引进的良种肉羊萨福克与当地牧区大尾羊进行经济杂交，杂交一代对牧区生态环境适应性强，生长发育快，有较强的抗病能力和抗寒性，胴体瘦肉多，肉质鲜美，繁殖性强，杂交优势十分显著。

经测定：杂交一代初生重平均 3.3 kg 左右，由于生长发育迅速，到 4 月龄断奶时体重达到 16.44 kg，平均日增重至 110.08 g，比同龄当地大尾羊（4 月龄 10.23 kg，平均日增重 57.58 g）平均日增重增加 52.58，提高 91％，差异显著（$p \leqslant 0.05$）。产肉性能测定结果：杂交一代 4 月龄羔羊宰前重 27.14 kg，胴体重 12.52 kg，屠宰率 46.14％。净肉率 74.36％，经过育肥的（育肥期 90 d）杂种一

代 11 月龄羯羊,平均胴体重达 20.0 kg。

因此,在肉羊生产中,应筛选引进配套组合的亲本,优化杂交组合,建立杂交利用体系,充分利用杂种优势进行肉羊高效益生产技术开发,在经济杂交利用中,既要考虑保持当地羊种优良特性,又要发挥引进高产良种羊的优良特性,从而提高羊肉生产水平。

(4)肉羊育肥体系

着力研究发展适合本地实际的绵羊育肥方法,特别是肥羔生产的育肥方法及配套技术,并应用胚胎移植技术,实施羔羊早期断奶、同时发情、母羊频密繁殖等技术,充分发挥优良母畜的作用,使羔羊集中育肥,均衡生产,逐步建立肉羊繁育和育肥体系。

(5)饲草料生产和供应体系

制定肉羊饲养标准,规模饲养,建立和完善肉羊饲料均衡供应技术体系。

(6)市场体系

要发展现代大规模肉羊产业,就必须注重培育和开拓国内外市场,实现产、共、销一条龙的经营机制,使畜牧业生产逐步从数量型向效益型、规模化和产业化发展,增加市场供求,使畜牧业增效,农牧民增收。

二、饲 料 筹 划

（一）饲草饲料加工调制与利用

1. 如何对粗饲料进行加工调制？

粗饲料经过适当加工处理，可提高其营养价值，大量科学研究和生产实践证明：粗饲料经一般粉碎处理可提高采食量 7％，加工制粒可提高采食量 37％。粗饲料的加工调制通常有以下 7 种方法。

（1）铡短

利用铡草机将粗饲料切短，一般用于喂羊的粗饲料可切至 1.5～2.5 cm。

（2）膨化

将初步破碎或不经破碎的粗饲料装入膨化机械高压罐内，在 1.47～1.96 MPa 的压力下，持续 30 min 后，突然降至常压喷放。即可得到热喷饲料，经过该技术的处理，羊对粗饲料的采食量和有机物质的消化率明显提高。

（3）盐化

盐化指铡碎或粉碎的秸秆饲料用 1％的食盐水和等量的秸秆充分搅拌后，放入容器内或在水泥地面堆放，用塑料薄膜覆盖，放置 12～24 h，使其自然软化，可明显提高适口性和采食量。

（4）碾青

将秸秆和豆科鲜牧草分层铺在晒场上，用碌子或拖拉机碾压。

例如,小麦秸秆平铺 20～30 cm 厚,上面铺上 20～30 cm 厚的苜蓿,然后再铺上 20～30 cm 的小麦秸秆,碾压流出的苜蓿汁液被秸秆吸收,秸秆的适口性与营养价值均得到提高。

(5)氨化

氨化饲料制作方法简便,尤其将小麦秸和稻草制成氨化饲料,可提高粗饲料营养价值,同时氨化后的秸秆质地松软,气味糊香,颜色棕黄,提高适口性,增加采食量和消化吸收利用率。羊经过 1 周多的适应后,采食量一般为 100 kg 体重 3.3～8.8 kg,每次取用氨化秸秆后要将塑料布盖好。氨化饲料一般没有副作用,但应在喂前充分通风和混合均匀,若饲喂后发生中毒,每只羊可灌服食醋 0.5～1.5 L 以解毒,秸秆氨化通常采用池贮法。

①建造土池或水泥池 深度一般不超过 2 m,池的容积根据贮量的多少而定。池的形状长、方、圆形均可,池壁应光滑,底微凹(蓄积氨水)。若为土池,先在池内铺一块塑料薄膜,薄膜的大小以密封好所贮秸秆为宜,然后将切断的秸秆填入池中,装满后注入一定量的氨水用塑料薄膜四周折叠、密封、压土封严。

②氨水用量 每 100 kg 秸秆需氨水量为 3 kg÷氨水含氨量,如氨水含氨量为 20%,则每 100 kg 秸秆需氨水 3 kg÷20%＝15 kg。

③尿素用量 每 100 kg 秸秆用尿素 3～5 kg,加水 30～60 kg 溶解后均匀喷洒在秸秆上,分层装实,做到"严、紧、密、实"用塑料薄膜密封、压土封严。

④氨化处理封闭时间 环境温度 30℃以上为 7 d;15～30℃为 7～28 d;5～15℃为 28～56 d;5℃以下为 56 d 以上。

⑤饲喂方法 喂前必须将氨味完全放掉,切不可将带有氨味的饲料喂羊,饲喂时应由少到多,逐渐适应,并应与其他饲料搭配使用。

(6)青贮

青贮指将新鲜的青饲料切短装入密封容器里,经过微生物发酵作用,制成一种具有特殊芳香气味,营养丰富的多汁饲料。它能够长期保存青绿多汁饲料的特性,扩大饲料资源,保证家畜常年均衡供应青绿多汁饲料。青饲料在制成青贮饲料过程中,养分损失少,不超过 10%。一般来说,禾本科饲料作物玉米、高粱和禾本科牧草含糖量高,容易青贮。豆科饲料作物如苜蓿、草木樨和马铃薯茎叶等含糖量低,不易青贮,应与禾本科牧草混合青贮。

青贮饲料适口性好,易消化,但多汁轻泻,应与干草、秸秆和精料搭配使用,开始饲喂青贮饲料时,要有一个适应过程,喂量由少到多,逐渐增加。一般每天每只羊喂量为 1.5~4 kg。

(7)发酵

将准备发酵的粗饲料,如秸秆铡碎,按每100 kg粗饲料加入用温水化开的 1~2 g 菌种,搅拌均匀,使菌种均匀分布于粗饲料中,边翻搅,边加水,水以 50℃ 的温水为宜。水分掌握以手握紧饲料,指缝有水珠,但不流出为宜,然后将搅拌好的饲料,堆积或装入缸中,插入温度计,上面盖好一层干草粉,当温度上升到 35~45℃时,翻动一次。最后,堆积或装缸,压实封闭 1~3 d,即可饲喂。

2.可用于饲养肉羊的优良牧草有哪些?

牧草一般指可用于饲喂家畜的一切草本植物和一些灌木。优良的牧草必须具备产量高、品质好、生命力强、无毒无害等几个方面的特点。凡可用于养羊的牧草均可以用来饲养肉羊,但是,基于肉羊生产特点的要求,一般含水量低、营养物质浓度高的牧草更适宜于饲养肉羊。

优良牧草按植物学的科属分类法可分为:禾本科、豆科、莎草科、菊科、藜科和其他杂类草共五大类。我国由于各地的自然环境和农业生产变化很大,适宜的优良牧草也不相同。东北地区,包括辽宁、吉林、黑龙江和内蒙古的呼盟与兴安盟,适宜的优良铰草有:

紫花苜蓿、沙打旺、胡枝子、羊草和无芒雀麦；内蒙古高原地区有：紫花苜蓿、沙打旺、蒙古岩黄芪、柠条、老芒麦、披碱草、羊草；长城以南、太行山以东、淮河以北的黄淮海地区有：苜蓿、沙打旺、无芒雀麦、苇状羊茅、葛藤、小冠花、百脉根、黑麦草；黄土高原地区有：苜蓿、沙打旺、小冠花、红豆草，无芒雀麦、鸡脚草、苇状羊茅、扁穆冰草；长江中下游地区有：白三叶、红三叶、苜蓿、苇状羊茅、鸡脚草、多年生黑麦草；华南地区（包括云南南部地区）有：宽叶雀稗、卡松古鲁狗尾草、大翼豆、银合欢；西南地区有：白三叶、红三叶、黑麦草、苇状羊茅、扁穗牛鞭草、鸡脚草、聚合草、草芦；青藏高原（包括甘肃的甘南、四川西部、云南西北部）地区有：老芒麦、垂穗披碱草、中华羊茅、苜蓿；新疆地区有：苜蓿、无芒雀麦、老芒麦、木地肤等。

3.什么是青饲料？有哪些种类？营养特点如何？

（1）青饲料及其种类

青饲料，即青绿多汁饲料，这类饲料指饲料中自然含水量大于60％的饲料。主要包括青绿饲料类、树叶类、块根块茎及瓜类、叶菜类和水生饲料。

（2）营养特点

青饲料由于其含水量高，青绿多汁，其营养特点也高于其他饲料，现分述如下：

①含水量高，热能低，消化率高，适口性好，家畜喜欢采食　青饲料的含水量一般为60％～90％，有的水生饲料高达95％。因此，鲜草含热能较低，每千克鲜草的消化能为11.26～2.5 MJ。青饲料含酶、激素、有机酸有助于消化，其有机物质的消化率高，牛、羊一般为75％～85％。同时，青绿饲料柔嫩多汁，适口性好，各种家畜都喜欢采食。

②蛋白质含量高，必需氨基酸多　青饲料中蛋白质含量丰富，

禾本科牧草和叶菜类饲料的粗蛋白质含量一般为 1.5%～35%，豆科牧草较高，一般为 3.2%～4.4%。按干物质基础计算，前者为 13%～15%，后者为 18%～24%。赖氨酸含量高，可补充饲料中之不足。氢化物占总氮的 30%～60%，可被肉羊等反刍家畜转化成高品质的菌体蛋白，以满足家畜对蛋白质和氨基酸的需要。

③纤维素含量相对较低　青饲料与精饲料和秸秆相比，含纤维素较少，木质素低，而无氮浸出物较高。一般纤维素低于 30%，叶菜类不超过 15%，无氮浸出物为 40%～50%。收获较晚时，纤维素和木质素显著增加，使有机物质的消化率降低。木质素每增加 1%，有机物质的消化率会下降 4.7%。但是，羊对木质化的纤维素消化率最高，可达 32%～58%。因此，适当晚收的青饲料，不仅对内羊的消化率影响较小，而且可使单位面积上营养物质的产量增加。

④矿质元素丰富，钙、磷比例适宜　利用天然草地的牧草进行放牧，家畜一般不需补充矿物质元素，人工栽培的牧草如紫花苜蓿，可单独作为家畜的饲粮，能使家畜正常生长发育和繁殖，这充分说明了青饲料在矿质营养方面的优点。一般青饲料中矿物质占鲜重的 1.5%～2.0%，而豆科牧草的钙含量还较高。

⑤维生素含量丰富　青饲料中胡萝卜素一般为每千克中含 50～80 mg，正常采食的放牧家畜所摄入的胡萝卜素是需要量的 100 倍左右。维生素 B、维生素 E、维生素 C、维生素 K 和烟酸较多。苜蓿中的核黄素为每千克含 4.6 mg，比玉米籽实高 3 倍。

4.什么是青干草？怎样调制？

(1)青干草

青干草即通常所说的干草，它是指在青绿饲料植物结实以前刈割，经脱水(通常是晒干)干燥后仍保持青绿色的饲草。在我国北方地区,冬春季节由于牧草和饲用植物生长停止,家畜普通缺乏饲草;在南方,由于夏季高温,牧草有休眠现象,也存在着不同程度的缺草现象,这给畜牧业生产造成了极大的不稳定性,使经营的效益下降。优质干草制成的草块、草粉(含蛋白质 $17\% \sim 24\%$)作为反刍家畜的日粮成分,可代替作为蛋白质原料的饼粕,节约精料用量,降低饲料成本,提高经济效益。调制干草,方法简单,原料丰富,成本低,便于长期大量贮藏。因此,我国畜牧业,尤其是草食家畜饲养业经济有效、切实可行的技术措施之一。

优良的育干草必须保存多量的叶片,具有青绿颜色,茎秆质地柔软,气味芳香,无虫害和泥沙。这是因为青绿色的叶片,粗蛋白质和胡萝卜素含量高,有机物质的消化率也高。质地柔软是因为纤维素和本质素含量少,消化率高。气味芳香是表明调制过程中的发酵正常,无霉变腐败情况,家畜喜食。

(2)调制方法

调制优良的干草,目的在于保持青草中原有的较多营养物质,减少损失。但是,在调制过程中,由于植物的呼吸作用,微生物的活动,机具在翻晒、运输过程中造成的细枝、叶片的脱落,日光曝晒和雨淋,会不可避免地造成一定的损失。一般调制干草的损失为 $10\% \sim 30\%$。因此,尽可能减少调制优良干草时的损失是调制干草技术的目标。调制优良青干草的具体方法介绍如下。

①适时收割 调制青干草,必须在青草单位面积上营养物质产量最高,水分含量较少,又便于调制时收割。一般禾本科牧草在抽穗至开花,豆科牧草在开花初期收获比较合适。此时牧草体内养分较丰富而且平衡,产草量和营养物质总量均较高,而含水量显著下降。过早,干草品质较好,但产量低;过晚,如在开花结实后收割,产草量高,但品质下降。对牛、羊等反刍家畜而言,由于对木质素和纤维素的消化能力强,可适当偏晚一些收割比较有利。

②快速脱水干燥 收割后的青草脱水干燥的方法很多,但总

体分为两种类型：人工干燥和自然干燥（晒制干草）。人工干燥的青干草品质好，但需要一定的机械设备，投资大，成本较高，在我国目前情况下，采用较少。以下介绍一些自然干燥的方法。

地面干燥法。地面干燥在晴好天气时进行。青草刈割后摊晒于地面，可以随地摊晒，起垄或堆成小堆。然后翻动1～2次，经2～3次即可晒干。在人力操作的情况下，一般小堆晒草的干燥速度和干草品质均优于起垄晒草，起垄晒草又优于随地摊晒，而费工程度则相反，可根据具体的实际情况选用。在有条件的情况下，采用机械作业，可大大提高工作效率。目前，从收割、搂草、集草、打捆、运输的一系列作业可全部由机械来完成。

架上晒草干燥法。将刈割的青草置于木制或铁丝制成的架上晒干。由于草在架上通风好，避免与地面接触吸潮，遇雨时雨水可淋至地表，因此干燥快，青干草的品质好。架上晒草需要一定设备，较地面人工晒草需劳力也多。一般在牧草收割时多雨，地面晒草不容易成功，或农户家畜饲养量不大的情况下采用较多。

发酵干燥法。在晴天刈割青草后，将青草在地面曝晒和翻转1～1.5 d，使青草水分降至50%左右，然后分层堆成3～6 m高的草堆。在堆草过程中，应力求踏实。经过6～8周的发酵即得到褐色（棕色）的干草。之所以能干燥，是因为在6～8周的堆放发酵过程中，由于发酵产热，温度可达70～80℃，从而可使草中水分蒸发掉。但是，微生物的发酵使碳水化合物、维生素、蛋白质等被氧化分解成水、二氧化碳和其他气体，造成大量的养分损失，一般营养价值仅为正常青干草的50%左右。为了减少损失，应尽量踏实，使发酵温度以不超过60～70℃为宜。此法由于营养损失太多，一般仅在多雨天气晒制干草时采用。

碾青干燥法。在青草收割之后，将青草与麦秸、稻草等分层平摊于场面，用石碾等机具碾、压破青草的茎秆，使流出的汁液被秸秆吸收，然后疏松曝晒。这种方法调制干草，干燥速度快，干草品质更好,但较费工。

③安全贮藏 合理的贮藏是干草生产中的重要环节。长期保质的贮藏,不仅有利于减少贮藏期间的养分损失,而且对于饲料按计划供应和整个牧场的安全也极其重要。青干草的贮藏,基本分为干草棚贮藏和露天地面堆放。前者需棚舍,费用高,损失少;后者简便易行,成本低,但损失较大。下面就露天堆藏应注意的问题作以简要介绍。

选好垛址,准备好垛底。垛址应选择在地势平坦、高燥、背风、距离畜舍近、运送方便的地方。垛底向选用木材、树枝、稿秆等垫平,高出 40~50 cm,四周应挖一条排水沟。

严格把好上垛干草含水量。一般情况下,干草安全贮藏的含水量为 17% 以下。含水量在 15%~16% 时,用手揉搓草束能沙沙作响,并有嚓嚓声;16%~18% 时,仅能沙沙响,含水量 19%~20% 时,无清脆声音,草束能捻成柔韧的草辫,这样的干草垛危险,含水在 23%~25% 时,无沙沙响声,揉搓草束后不能自然散开,在多次折曲处有水珠出现,这种干草不能堆垛贮藏。

选好堆垛方式。草垛分圆形和长形两种。圆形草堆小,贮量小,但表面积大,通风透气性好,干草上垛后可散失部分水分。长形草堆则体积大,表面积小,不容易在上垛后散失水分。不论何种垛形,垛与垛之间应留一定的通风道。

注意草垛管理。对草垛要定期检查,尤其是堆垛初期的 10~20 d。发现塌顶、漏缝应及时修整,检查垛内温度,当垛内温度超过 55℃时,应及时采取开垛散热等措施,以免继续升温,或发生自燃。

5. 怎样调制青贮饲料? 如何进行品质鉴定?

(1)青贮饲料的优点

将铡碎的新鲜的青绿饲料,在密闭无氧的条件下,通过微生物

发酵和化学作用,调制成的饲料叫青贮饲料。青贮饲料具有以下好处:

①青贮饲料可保持青绿多汁饲料的营养,是肉羊冬春季节维生素、矿物质及蛋白质的重要来源,优质青贮料一般营养损失不超过15%,并能够大量保存胡萝卜素。

②青贮饲料可改善饲草品质。收完种子的玉米秸秆青贮同干玉米秸秆相比,粗纤维含量下降了,粗蛋白质含量却增加了。

③青贮饲料可长期贮藏,在冬春季节肉羊饲草料缺乏时,是提供多汁饲料最便宜的方式。

④制作青贮饲料的原料广泛,成本低。

⑤青贮饲料具有酸香味,适口性好,易消化吸收,并有轻泻作用。有些植物晒干后,气味特殊、质地粗硬,如马铃薯秧、筒篙等,经青贮后,会有很大程度的改善。

⑥青贮饲料单位容积贮量大,需要的贮藏空间较小。如 1 m³ 的青贮料重量为 450～700 kg,其中干物质 150 kg,而 1 m³ 干草仅重 50～70 kg(干物质仍 60 kg 左右)。

⑦青贮过程几乎不受风吹、日晒、雨淋等影响,也不会发生火灾事故。

⑧青贮发酵后,可使其中所含的病菌、虫卵和杂草种子失去生活力,可减少对农田的危害。

(2)确定青贮窖的大小

青贮窖他的大小要由羊的数量、原料多少和场地条件等来决定。如单纯按羊数量来决定青贮窖池大小的方法如下:

①计算所需青贮料的量　按每只成年羊每天消耗 3 kg 计算,每只羊每年消耗青贮料大约为 1 000 kg,未成年羊按 500 kg 计算。

$$所需青贮料量(kg)＝成年羊数量×1\ 000＋未成年×羊$$
$$数量×500$$

②计算所需青贮窖的容积 每立方米青贮料重量随着青贮原料、压实程度不同而有所差异,最常用的玉米秸秆青贮,每立方米大约为 500 kg。

$$所需青贮窖池容积(m^3) = \frac{青贮料量(kg)}{500}$$

③决定窖的具体尺寸 青贮窖的高度一般为 2～3 m,适宜宽度取决于每天消耗的青贮量,长度由饲喂青贮料天数来决定,以每日取料的挖进量不少于 15 cm 为宜。窖塔式青贮建筑,其直径应按每天饲喂青贮料数量计算,深度或高度由饲喂青贮料时间的长短而定。但一般高度不小于直径的 2 倍,也不要大于直径的 3.5 倍。

(3)青贮饲料的制作

①铡短 青贮原料应铡短至 1～2 cm,牧草也可整株青贮。铡短有利于压实,提高青贮料品质,利于肉羊采食,提高消化率。

②装填与压实 装填时,先把原料的含水量调整到 55％～75％,然后分层装填青贮料,每装 15～30 cm 厚时,要压紧一次,尤其是窖的四周边缘和窖角。压紧与行是青贮成改的关键技术环节之一,压得越紧,空气排出越彻底,青贮的质量越好。

③密封 青贮原料装填到高出窖上沿 1 m 时,在上面盖一层塑料薄膜,再加盖一层稻草或其他柔软的秸秆,最后盖土 30～50 cm,做到不漏气、不漏水,窖顶应成馒头或屋脊型以列排水。

④管护 窖的四周应设排水沟,以防雨水进入。要经常查看,如发现窖顶有裂缝时,应及时疆土压实,最好能在青贮窖的四周设置一围栏,以防牲畜践踏。

(4)青贮饲料的品质评定

通常用感官来评定青贮饲料的品质,感官评定是通过看、闻、摸来实现的。

①"看" 即看颜色,青贮料颜色越接近原料颜色,说明青贮过程是好的,品质好的青贮料,颜色呈黄绿色;中等的呈黄褐色或褐绿色;劣等的为褐色或黑色。

②"闻" 即闻气味,品质好的青贮料有一种酸香味,略带水果香味;有刺鼻酸味的品质较次;有霉烂味的为劣等,不宜喂羊。

③"摸" 即摸质地,优质青贮料用手摸是松散柔软的,略带潮湿,不黏手,茎、叶脉络仍能辨清;若结成一团,发散,分不清原有结构或过于干硬,都为劣等。

6.如何对精饲料进行加工调制?

(1)磨碎

这是最简单、最常用的一种加工方法,要求将质地坚硬或有皮壳的饲料饲喂前磨碎,粒度大小适中,不能磨得很细,以颗粒直径1.0~2.0 mm为宜。经粉碎后的籽实便于采食、咀嚼,可改善饲料适口性,增加饲料与消化液的接触面,使消化作用进行完全,从而提高饲料的消化率和利用率。另外,饲料磨碎后,可以提高羊对饲料的利用,不宜造成饲料的浪费。

(2)湿润与浸泡

湿润一般是用于尘粉比较多的饲料,而浸泡主要用于硬的籽实或油饼,使之软化或溶去有毒物质。将饲料置于池子或缸中,按1∶(1~1.5)的比例加水浸泡。对磨碎或粉碎的精料,在饲喂羊之前,应尽可能湿润,以防饲料中粉尘过多而影响羊的采食和消化,减少羊的呼吸道疾病。坚硬的饲料经过浸泡,吸收水分,膨胀柔软,容易咀嚼,便于消化,而且浸泡后某些饲料的毒性和异味减轻,从而提高适口性。但是浸泡的时间应掌握好,浸泡时间过长,养分被水溶解造成损失,适口性也降低,甚至变质。

(3)蒸煮

蒸煮指饲料的熟制过程。饲料中的豆类籽实、豆饼、豆粕等煮熟后喂羊,可提高蛋白质的利用率。马铃薯及其粉渣煮熟后可明显提高利用率,并减少腹泻的发生。羊的多数饲料不适合蒸煮熟喂,玉米、高粱、糠麸等禾本科籽实类饲料,煮熟后饲喂,会有 10％左右的营养损失;青饲料经过焖煮,不仅破坏了饲料中的维生素,引起蛋白质变性,降低其营养价值,而且还易引发亚硝酸盐中毒,是养羊业的陋习,应注意改进。规模化养羊多采用干食生喂,生喂可节省燃料,安全省工,确保营养成分不受损失,可提高养羊效益。

(4)焙炒

禾本科籽实经焙炒后,一部分淀粉转变成糊精,可提高淀粉的利用率。另外一些饲料经焙炒处理,还可消除有毒物质、细菌和病虫,降低抗营养因子的活性。饲料焙炒后变得香脆、适口,可用作羔羊食料。

(5)饲料颗粒化

将饲料粉碎后,依据羊的营养需要,按一定比例合理配制,用饲料制粒机加工成一定的颗粒形状,一般颗粒直径为 4～5 mm,长 10～15 mm。颗粒饲料适口性好,饲喂方便,羊只采食后容易消化吸收,可增加羊的采食量,且营养齐全,减少饲料的浪费,颗粒饲料属于全价饲料的一种,可以直接饲喂羊只。

7.如何正确使用矿物质饲料?

在肉羊生产中,矿物质饲料主要有食盐、骨粉、贝壳粉、磷酸氢钙及微量元素添加剂等,用来补充日粮中矿物质的不足。矿物饲料中除食盐和骨粉外,很少单独使用,一般是作为添加剂均匀地混合于精饲料中饲喂。

8.如何正确使用饲料添加剂?

羊用饲料添加剂包括营养性添加剂和非营养性添加剂,主要包括微量元素、多维素、生长促进剂、驱虫保健剂、瘤胃调控剂以及饲料保护剂等,其功能是补充或平衡饲料营养成分,提高饲料的适口性和利用率,促进羊的生长发育,改善代谢机能,加快生长速度,缩短育肥期,增加肉羊育肥的经济效益。

(1)非蛋白氮——尿素

非蛋白氮包括蛋白质分解的中间产物——氮、酰胺、氨基酸,还有尿素、缩二脲和一些铵盐等,其中最常见的为尿素。这些非蛋白氮可为瘤胃微生物提供合成蛋白质的氮源。尿素的含量为47%,如全部被瘤胃微生物利用,1 kg尿素相当于2.8 kg粗蛋白质的营养价值,或7 kg豆饼蛋白质的营养价值,等于26 kg禾本科籽实的含氮量。因此,用尿素等非蛋白物质代替部分饲料蛋白质,即能促进羊只快速生长,又可降低饲料成本。

①尿素的喂量与喂法 尿素的喂量必经严格控制,用量一般不超过日粮粗蛋白质的30%,或不超过日粮干物质的1%,或按羊体重的0.02%~0.03%喂给,即每10 kg体重,日喂尿素2~3 g。使用时,先将定量的尿素溶于水中,然后拌入精料,每日供量分2~3次投给,开始喂量要少,经5~7 d的过渡期再转入正常供量。

②喂尿素的注意事项 一是尿素不能干喂或单独喂,通常是把尿素完全溶解后,喷洒在精料上,拌匀后饲喂。二是喂后不要马上饮水,防止尿素直接进入真胃,也不能空腹喂给,避免瘤胃中尿素浓度过大。饲喂的同时应供给瘤胃微生物充足的营养物质,如含淀粉多的玉米、高粱等,目的是提高瘤胃微生物的繁殖能力,以加速其对氨的利用。此外,日粮中加喂磷酸氢钙、硫酸钾(钠),提高硫磷的水平,也能提高尿素的利用率。三是喂尿素只有在日粮蛋白质不足(低于12%)时饲喂,日粮蛋白质充足时,瘤胃微生物则利用有机氮,加喂尿素反而造成浪费。四是喂尿素后要连续进行,直至肉羊育肥后出栏。五是选用"安全型非蛋白氮"产品,如牛羊壮(又名磷酸脲)、缩二脲、异丁基二脲等,这些产品可使尿素在

瘤胃中的分解速度减慢,有利于微生物对氨的充分利用。

③尿素中毒的抢救 当尿素用量过大或使用方法不当时,瘤胃微生物利用尿素的速度低于尿素分解的速度时,一部分氨即进入血液循环,血氨的浓度升高,发生氨中毒。羊如果发生尿素中毒则表现全身紧张,心神不定,肌肉震颤,运动失调,挣扎,吼叫,甚至卧地不起,窒息死亡。急救方法可静脉注射 10%～25% 的葡萄糖,每次 100～200 mL;或灌服食醋,以中和氨;或灌服冷水,降低瘤胃液的温度,从而减少尿素分解,冷水还能稀释氨的浓度,减缓瘤胃吸收氨的速度,冷水和食醋同时灌服效果更好。

(2)羊育肥用微量元素

矿物质微量元素可以调节机体能量、蛋白质和脂肪的代谢,提高羊的采食量,促进营养物质的消化作用,刺激生长,提高增重速度和饲料利用率。微量元素的添加量应按育肥羊的营养需要添加,可将微量元素制成预混料,其配方为每吨预混料碳酸钙 803.1 kg,硫酸亚铁 50 kg,硫酸铜 6 kg,硫酸锌 80 kg,硫酸锰 60 kg,氯化钴 0.8 kg,亚硒酸钠 0.1 kg,按每只羊每天 10～15 g 预混料添加,均匀混于精料中饲喂;或将微量元素制成盐砖,让羊自由采食,一般添加微量元素比不添加提高增重 10%～20%。

(3)维生素添加剂

由于羊瘤胃微生物能够合成 B 族维生素和维生素 K、维生素 C,不必另外添加。但日粮中应提供足够的维生素 A、维生素 D 和维生素 E,以满足育肥羊的需要。维生素添加剂的使用应按羊的营养需要进行,在饲料中维生素不足的情况下,应适量添加。一般 20～30 kg 的羔羊育肥每只每日需要维生素 A 200～210 IU,维生素 D 57～61 IU。添加维生素时还应注意与微量元素间的相互作用,多数维生素与矿物元素能相互作用而失效,所以最好不要把它们在一起配制预混料,或用维生素的包埋剂型配制矿物质和维生素预混料。

（4）稀土

稀土是元素周期表中钇、钪及全部镧系共 17 种元素的总称，可作为一种饲料添加剂用于畜禽生产，具有良好的饲喂效果和较高的经济效益。张英杰等对小尾寒羊进行了添加稀土饲喂试验，在放牧加补饲的条件下，试验组的羊每只添加硝酸稀土 0.5 g，试验期 60 d。结果表明，添加稀土组的羊比不添加稀土组的羊平均重提高 11.2%，经济效益显著。张启儒报道，用稀土添加剂饲喂细毛羊，添加量按每千克体重 10 mg，饲喂期 3 个月，饲喂稀土的阉羊较不喂稀土的阉羊体重增加 2.07 kg，提高 55.49%；平均毛长增加 0.3 cm，提高 12.5%。王安琪报道，给断奶后育肥羊日粮中添加 0.2% 的稀土，在 60 d 试验期内，日增重提高 17.1%，每千克增重节省饲料 0.41 kg，提高饲料转化率 14.29%。

一般作为饲料添加剂的稀土类型有硝酸盐稀土、氯化盐稀土、维生素 C 稀土和碳酸盐稀土。

（5）膨润土

膨润土属斑脱岩，是一种以蒙脱石为主要成分的黏土。主要成分为钙 10%、钾 6%、铝 8%、镁 4%、铁 40%、钠 2.5%、锌 0.01%、锰 0.3%、硅 30%、钴 0.004%、铜 0.008%、氯 0.3%，还有钼、钛等。膨润土具有对畜禽有机体有益的矿物质元素，可使酶、激素的活性或免疫反应向有利于畜禽的方向变化，对体内有害毒物和胃肠中的病菌有吸附作用，有利于机体的健康，提高畜禽的生产性能。张世铨报道，用 2～3 岁内蒙古细毛羊羯羊在青草期 100 d 放牧期内，每只每天用 30 g 膨润土加 100 g 水灌服，饲喂膨润土组羊较对照组羊毛长度增加 0.48 cm，每平方厘米剪毛量增加 0.039 8 g。

（6）瘤胃素

瘤胃素又名莫能菌素，是肉桂的链霉菌发酵产生的抗生素。其功能是通过减少甲烷气体能量损失和饲料蛋白质降解、脱氨损失，控制和提高瘤胃发酵效率，从而提高增重速度及饲料转化率。

试验研究表明,舍饲绵羊饲喂瘤胃素,日增重比对照羊提高35%左右,饲料转化率提高27%。生长山羊饲喂瘤胃素,日增重比对照羊提高16%～32%,饲料转化率提高13%～19%。瘤胃素的添加量一般为每千克日粮干物质中添加25～30 mg,均匀地混合在饲料中,最初喂量可低些,以后逐渐增加。

（7）缓冲剂

添加缓冲剂的目的是为改善瘤胃内环境,有利于微生物的生长繁殖。肉羊强度育肥时,精料量增多,粗饲料减少,瘤胃内会形成过多的酸性物质,影响羊的食欲,并使瘤胃微生物区系被抑制,对饲料的消化能力减弱。添加缓冲剂,可增加瘤胃内碱性物质的蓄积,中和酸性物质,促进食欲,提高饲料的消化率和羊的增重速度。肉羊育肥常用的缓冲剂有碳酸氢钠和氧化镁。碳酸氢钠的添加量约占日粮干物质的0.7%～1.0%。氧化镁的添加量为日粮干物质的0.03%～0.5%。添加缓冲剂时应由少到多,使羊有一个适应过程,此外,碳酸氢钠和氧化镁同时添加效果更好。

（8）二氢吡啶

其作用是抑制脂类化合物的过氧化过程,形成肝保护层,抑制畜体内的细胞组织,具有天然抗氧化剂维生素E的某些功能,还能提高家畜对胡萝卜素和维生素A的吸收利用。周凯等进行了二氢吡啶饲喂生长绵羊对增重效果影响的试验研究。试验羊以放牧为主,补饲时每千克精料中添加200 mg二氢吡啶的周岁羊体重可多增加8.54 kg,经济效益显著。使用二氢吡啶时应避光防热,避免与金属铜离子混合,因铜是特别强的助氧化剂。如与某些酸性物质(如柠檬酸、磷酸、抗坏血酸等)混合使用,可增强效果。

（9）酶制剂

酶是活体细胞产生的具有特殊催化能力的蛋白质,是一种生物催化剂,对饲料养分消化起重要作用。可促进蛋白质、脂肪、淀粉和纤维素的水解,提高饲料利用率,促进动物生长。如饲料中添加纤维素酶,可提高羊对纤维素的分解能力,使纤维素得到充分利用。李景云等报道,育成母羊和育肥公羔每只每日添加纤维素酶25 g,育成母羊经45 d试验期,日增重较对照组增加29.55 g,育成公羔经32 d试验期,日增重较对照组增加34.06 g。育肥公羔屠宰率增加2.83%,净肉重增加1.80 kg。

(10)中草药添加剂

中草药添加剂是为预防疾病、改善机体生理状况、促进生长而在饲料中添加的一类天然中草药、中草药提取物或其他加工利用后的剩余物。张英杰等对小尾寒羊育肥公羔进行了中草药添加剂试验,选用黄芪、麦芽、山楂、陈皮、槟榔等中草药具有健脾开胃、助消化、驱虫等效果,经科学配伍粉碎混匀,每只羊每日添加15 g,经两个月的饲喂期,试验组平均体重较对照组增加2.69 kg,且发病率显著降低。

(11)杆菌肽锌

杆菌肽锌是一种抑菌促生长剂。对畜禽都有促生长作用,有利于养分在肠道内的消化吸收,改善饲料利用率,提高体重。羔羊用量每千克混合料中添加10~20 mg。在饲料中混合均匀饲喂。

(12)喹乙醇

喹乙醇又名快育灵、倍育诺,为合成抗菌剂。喹乙醇能影响机体代谢,具有促进蛋白质同化作用,进食后在24 h内主要通过肾脏全部排出体外。毒性极低,按有效剂量使用,安全,副作用小。通过国内外试验,羔羊日增重提高5%~10%,每单位增重节省饲料6%。用法与用量:均匀混合于饲料内饲喂,羔羊每千克日粮干物质添加喹乙醇量为50~80 mg。

(二)饲料配合及生产应用

羔羊出生后在20日龄左右开始出现反刍活动,在7~10 d就能补饲容易被消化的优质干草和精料。

根据羊只对各种营养成分的需要量,按照饲料配方比例把两种以上的饲料原料混合在一起制成的混合物叫配合饲料。使各种营养物质含量正好与羊对它的需要量相等,即能使羊体正常生长发育、发挥最佳的繁殖及产肉性能,又不浪费饲料,尽可能降低肉羊饲养成本,提高养羊经济效益。

1. 如何正确使用添加剂预混料?

将饲料添加剂按照一定的比例均匀混合在一起,称为预混料。主要含有矿物质、维生素、氨基酸、促生长剂、抗氧化剂、防霉剂和着色剂等,是配合饲料的半成品,可供生产全价配合饲料及浓缩料使用,它不能直接饲喂动物。在配合饲料中添加量一般为0.5%~3%,但作用很大,具有补充营养,促进动物生长,防治疾病,改善动物产品质量等作用。

例如,羔羊开食料预混料的配方为:玉米 30.5%、麸皮 10.0%、豆饼 30.0%、胡麻饼 25.0%、石粉 1.5%、食盐 1.0%、预混料 2.0%。养殖企业(户)可根据自己的原料情况,规模大小选择不同的方式生产羊用精料补充料。

常见的肉羊预混料有 1% 和 5% 两种,对于个体饲养户,使用5%预混料比较方便实用,只需准备玉米、豆饼、麸皮和草粉,然后每 95 kg 混合料加上 5 kg 预混料拌匀即成为全价饲料。

2. 如何正确使用浓缩料?

浓缩料又称蛋白质补充饲料,主要由蛋白质饲料、常量矿物质饲料(钙、磷、食盐)和添加剂预混饲料配制而成的配合饲料半成品。它一般占全价配合饲料的 20%~30%。再掺入一定比例的能量饲料(玉米、大麦、麸皮等)就成为满足动物营养需要的全价饲料,具有粗蛋白含量高(一般在 30%~50%)、满足蛋白质各类添加剂的需要,使用方便等优点。如泌乳母羊蛋白浓缩料配方为:胡麻饼 87.7%、葵花饼 6.0%、石粉 2.2%、食盐 1.7%、微量元素 1.8%、维生素 0.6%。使用时利用自有的玉米和麸皮按玉米 10.0%、麸皮 5.0%、蛋白浓缩料 85.0%即可配成泌乳母羊精料补充料。

3.如何正确使用精料预混料？

精料预混料又称精料混合料。专为牛、羊等草食动物所生产，它不能单独构成日粮，而是用以补充采食饲草后不足的那一部分营养。亦即牛、羊等草食动物在所采食的青、粗饲料及青贮饲料外，给予适量的精料补充料，可满足饲喂对象的营养需要。以玉米秸秆为主要饲草情况下。例如，泌乳母羊的精料配方：玉米 10.0%、麸皮 5.0%、胡麻饼 7.5%、葵花饼 5.0%、石粉 2.0%、食盐 1.5%、微量元素 1.0%、维生素 0.5%。

4.如何配制全价日粮？

将预混料按一定百分比与精饲料和粗饲料搭配，即成为肉羊的全价饲料，又叫全日粮配合饲料。该饲料所含的各种营养成分和能量均衡全面，能够完全满足动物的各种营养需要，不需加任何成分就可以直接饲喂，并能获得最大的经济效益，是理想的配合饲料。它是由能量饲料、蛋白质饲料、矿物质饲料，以及各种添加剂饲料所组成。

养羊生产中，由于羊的消化特点及羊可用饲料的广泛性，使制定饲料配方的灵活性很大，因而许多养殖企业（户）不能正确掌握饲料的配合技术。实际生产中可在满足粗饲料的前提下，参考羊的饲养标准配制出精料，通过科学饲养，粗、精饲料的合理搭配，以满足羊只所需要的各种营养物质。

（1）舍饲日粮组成

①哺乳母羊　混合精料 0.7～1.5 kg（稻草粉 0.75 kg，青干草 1 kg，蚕沙 0.25 kg），每千克日粮中含粗蛋白质 250～380 g，含消化能 10.1～10.5MJ）。

②哺乳期羔羊　混合精料 100 g（大麦 22.5%，麸皮 40%，米糠 20%，豆粕 5%，菜籽粕 5%，贝壳粉 1.5%，食盐 1%），青草自由采食。

③断奶羔羊　混合精料300～350 g(大麦22.5%、麸皮40%、米糠20%、豆粕5%、菜籽粕10%、贝壳粉1.5%、食盐1%),青草250 g,青干草300 g。

④30 kg体重羔羊　混合精料600～800 g(玉米70%、菜籽饼30%),青草200 g,青干草或氨化稻草400～600 g。

⑤育肥羊　混合精料为45%(混合精料配比为玉米75%、豆粕18%、豆科草粉5.5%、食盐混合矿物质1.5%),粗饲料和其他饲料为55%。每天必须供给1 kg以上的青饲料。

(2)混合精料配方(表2-1)

表2-1　混合精料配方

(苗志国,常新耀.2012.羊安全高效生产技术)

类型		精料配方及营养成分	饲喂量和方法
种羊混合精料配方	种公羊	玉米53%、麸皮7%、豆粕20%、棉籽饼10%、鱼粉8%、食盐1%、石粉1%。 干物质的含量为88%,粗蛋白质22%,钙0.9%,磷0.5%,每千克干物质含代谢能11.05 MJ	非配种公羊每天每只混合精料喂量为0.5～0.7 kg,分2～3次饲喂。 配种期混合精料的喂量为1.2～1.6 kg,分4次饲喂。 粗饲料喂量为2.0～2.5 kg
	种母羊	玉米60%、麸皮8%、豆粕12%、棉籽饼16%、食盐1%、磷酸氢钙3%。 精料中干物质的含量为87.9%,粗蛋白质16.2%,钙0.9%,磷0.8%,每千克干物质含代谢能10.54 MJ	舍饲母羊的日粮混合精料喂量为0.3～0.7 kg,妊娠后期和哺乳前期应相应加大精料喂量,每天3～4次,其他时间可减少喂量,日喂2～3次,粗饲料喂量1.7～2.0 kg,饮水不限
	羔羊	玉米55%、麸皮12%、酵母饲料15%、豆粕15%、食盐1%、鱼粉2%。 精料中干物质的含量为88.0%,粗蛋白质20.6%,钙0.3%,磷0.4%,每千克干物质含代谢能11.12 MJ	羔羊混合精料的喂量随年龄的增长而增长,20日龄至1月龄每只羔羊的日喂量为50～70 g,1～2月龄为100～150 g,2～3月龄为200 g,3～4月龄为250 g,4～5月龄为350 g,5～6月龄为400～500 g。羔羊的粗饲料为自由采食

续表 2-1

类型		精料配方及营养成分	饲喂量和方法
舍饲肥育羊混合精料配方	舍饲肥育羊	玉米 21.5%，草粉 21.5%，麸皮 17%，豆粕 12%，棉籽饼或菜籽饼 21.5%，花生饼 10.3%，饲料酵母 6.9%，食盐 0.7%，尿素 0.3%，添加剂 0.3%，混合均匀即可	前 20 d 日均每只喂料 350 g，中 20 d 日均每只喂料 400 g，后 20 d 日均每只喂料 450 g。粗料不限量
	舍饲强度肥育羊	玉米 49%，麸皮 20%，棉籽粕或菜籽粕 30%，石粉（骨粉）1%，添加剂（羊用）20 g，食盐 5～10 g	肥育的前 20 d，每只每天供给精料 0.5～0.8 kg
		玉米 55%，麸皮 20%，棉籽粕或菜籽粕 24%，石粉（骨粉）1%，添加剂（羊用）20 g，食盐 5～10 g	肥育的中 20 d，每只每天供给精料 0.7～0.8 kg
		玉米 65%，麸皮 14%，棉籽粕或菜籽粕 20%，石粉（骨粉）1%，添加剂（羊用）20 g，食盐 10 g	肥育的后 20 d，每只每天供给精料 0.9～1.0 kg
羔羊肥育混合精料配方	肥育前期	玉米 50%，饲料酵母 11%，麸皮 22%，豆饼 15%，矿物质 2%，精料含粗蛋白质 13.5%	羔羊混合精料的喂量随年龄的增长而增长，每只羔羊的日喂量为 70 g，自由采食优质牧草
	30～60 日龄羔羊	玉米 45%，麸皮 6%，向日葵饼 18%，苜蓿粉 30%，微量元素添加剂 0.5%，食盐 0.5%	每日每只喂配合料 0.15～0.20 kg，自由采食优质牧草
	60 日龄以后	玉米 50%，麸皮 20%，向日葵饼或亚麻饼 20%，饲用酵母 8%，食盐 2%	每日每只喂配合料 0.30～0.50 kg，饲喂禾本科青干草或田间青草 0.8 kg
	羔羊肥育通用饲料	玉米 58%，麸皮 20%，棉籽粕或菜籽粕 10%，饲料酵母 10%，添加剂 1.2%，骨粉等 0.8%	20 日龄到 1 月龄每只羔羊的日喂量为 60～80 g，1～2 月龄为 120～180 g，2～3 月龄为 250 g，3～4 月龄为 300 g，4～5 月龄为 400 g，5～6 月龄为 400～500 g。羔羊的粗饲料为自由采食

续表 2-1

类型		精料配方及营养成分	饲喂量和方法
	放牧补饲精料	玉米 30%，麸皮 25%，菜籽饼 20%，棉籽粕 20%，矿物质 3%，食盐 2%。 配合饲料中干物质的含量为 91%，粗蛋白质 17.4%，钙 0.72%，磷 0.3%，每千克干物质含代谢能 7.91 MJ	日补饲混合精料 0.3～0.5 kg，上午归牧后补总量的 30%，晚 8 时补 70%。饲喂时加草粉 15%混匀拌湿，槽喂。枯草期，在混合精料中还应加 5%～10%麸皮，添加微量元素和维生素 AD3 粉，冬季低于 4℃时，应进入保温圈舍内
舍饲育成羊精料喂量	育成前期（4～8 月龄）	玉米 68%，麸皮 10%，豆粕 7%，花生饼 12%，添加剂 1%，磷酸氢钙 1%，食盐 1%	饲喂精料 0.4 kg，苜蓿 0.6 kg，玉米秸秆 0.2 kg
		玉米 50%，麸皮 12%，豆粕 15%，花生饼 20%，添加剂 1%，磷酸氢钙 3%，食盐 1%	饲喂精料 0.4 kg，青贮 1.5 kg，干草或稻草 0.2 kg
	育成后期（8～10 月龄）	玉米 45%，麸皮 15%，花生饼 25%，葵花饼 13%，食盐 1%，磷酸氢钙 1%，添加剂 1%	饲喂精料 0.5 kg，青贮 3 kg，干草或稻草 0.6 kg
		玉米 80%，麸皮 10%，花生饼 8%，食盐 1%，添加剂 1%	饲喂精料 0.4 kg，苜蓿 0.5 kg，玉米秸秆 1 kg

（3）全价配合饲料和精料补充料的正确使用

①由于不同饲喂对象的营养需要量不同，因此在使用全价配合饲料产品时，必须选择与饲喂对象相符的型号，如成年羊料不能饲喂给育成羊，育成羊料不能饲喂给哺乳羔羊和成年羊等，以免因饲料产品中营养偏离具体需要而造成饲喂对象代谢失衡或生产水平下降。

②全价配合饲料可直接用于饲喂，不需另外添加营养性组分，以免造成饲料中营养物质间比例失衡。

③严格遵守使用规则，不可过期贮存，以免其中活性组分失效，更不能为了节约饲养成本而饲喂过期变质的饲料，否则会影响

羊群健康、致病和造成生产性能下降。

④对精料补充料,若变换基础饲草时,应根据羊群生产反应及时调整精料补充料饲喂量。

⑤所谓全面满足营养需要是相对的,因而要观察羊群反应来调整喂量,以免造成营养物质浪费或缺乏。

(三)饲料筹划

1.如何确定各类羊群的存栏量?

(1)放牧羊只采食量

羊的日干物质采食量一般占体重2.5%~3.0%,在现实的饲养管理中其实很难按羊的体重来决定喂料量。我国现阶段大多数养羊场(户)采用半舍饲半放牧的饲养方式,所以羊只的采食主要取决于放牧。

放牧羊只采用模拟采食法,选择4~6个观察个体,白天跟群放牧,记录出牧、游走、采食、反刍、卧息和站立时间以及归牧时间。在家畜稳定采食时,观察其单位时间内采食口数以及每种牧草的采食口数,一般每天测定采食速度5次左右,每次测定延续10 min。在家畜采食点附近,模拟家畜采食的牧草种类、高度和数量,一般模拟采食200口左右。

$$采食量 I = IR \times W \times T$$

式中,I:采食量;IR:采食速度;W:单口采食量;T:全天采食时间。

据先关资料报道(郭强等报道)。不同绵羊品种的日采食量与放牧时间、草场质量等相关。模拟法测定放牧绵羊的采食量(表2-2)。

表 2-2　模拟法测定放牧绵羊的采食量

放牧绵羊	草地类型	月份	放牧时间/min	采食时间/min	采食速度/(口/min)	单口采食量/(g/口)	日采食干草/(kg/d)
蒙古羊	高平原草地	8月	514.17	449.67	43.50	0.08	1.56
		9月	420.33	387.50	40.17	0.10	1.56
	沙质草地	8月	510.25	424.50	28.00	0.08	0.95
		9月	443.00	400.33	27.83	0.12	1.34
引种羊	高平原草地	8月	506.33	436.00	46.50	0.09	1.82
		9月	426.83	384.83	43.00	0.11	1.82
	沙质草地	8月	506.00	410.00	39.75	0.09	1.47
		9月	438.17	385.00	34.67	0.13	1.74
杂种羊	高平原草地	8月	518.33	448.58	44.50	0.09	1.80
		9月	446.67	391.67	41.33	0.10	1.62
	沙质草地	8月	511.50	423.50	31.50	0.09	1.20
		9月	433.50	381.83	30.17	0.13	1.50

采用模拟采食法测定放牧绵羊在高平原草地和沙质草地8月、9月的采食量。由表2-2可知,高平原草地8月蒙古羊、引种羊和杂种羊的采食量分别是1.56 kg/d、1.82 kg/d和1.80 kg/d,引种羊和杂种羊高于蒙古羊($P<0.05$)。高平原草地9月蒙古羊、引种羊和杂种羊的采食量分别是1.56 kg/d、1.82 kg/d和1.62 kg/d,引种羊和杂种羊高于蒙古羊($P<0.05$)。沙质草地8月蒙古羊、引种羊和杂种羊的采食量分别为0.95 kg/d、1.47 kg/d和1.20 kg/d,引种羊较杂种羊和蒙古羊高($P<0.05$)。沙质草地9月蒙古羊、引种羊和杂种羊的采食量分别为1.34 kg/d、1.74 kg/d和1.50 kg/d,引种羊较杂种羊和蒙古羊高($P<0.05$)。

(2)舍饲羊只采食量

不同年龄和生理阶段的羊群,它们消化机能和对各营养物质的需求量不同,则羊只对各饲料的日消耗定额也存在差异。

①种公羊日消耗饲料定额（表 2-3）。

表 2-3　种公羊日消耗饲料定额　　　　　　　　kg/只

不同阶段	干草料	青贮料	精料	额外补料
配种期	1.5～2.0	1.0～2.0	1.2～1.6	2 枚鸡蛋
非配种期	2.0～2.5	1.5～2.5	0.6～0.8	多汁饲料（胡萝卜）0.1～0.2 kg
后备种公羊	后备种公羊（3～8 月）前期可用羔羊饲料			

②妊娠母羊日消耗饲料定额（表 2-4）。

表 2-4　妊娠母羊日消耗饲料定额　　　　　　　　kg/只

不同阶段	精料	干草	秸秆	青贮料
妊娠前期	0.3～0.5	0.5～0.7	0.5～0.7	1.0～2.0
妊娠后期	0.4～0.6	0.6～1.0	0.6～0.8	1.0～2.0
不同阶段妊娠母羊精料饲喂标准				
品种阶段	1 月	2 月	3 月	4 月	产前 10 d	产前 3 d
肉用绵羊	0.3～0.35	0.35～0.4	0.45～0.5	0.55～0.6	0.6	0.5
肉用山羊	0.2～0.25	0.25～0.3	0.35～0.4	0.4～0.55	0.5～0.55	0.4
日采食量	1.0～1.2	1.1～1.3	1.2～1.4	1.3～1.4	1.3～1.5	1.5

③哺乳母羊日消耗饲料定额（表 2-5）。

表 2-5　哺乳母羊日消耗饲料定额　　　　　　　　kg/只

不同阶段		精料	干草	多汁饲料
哺乳前期	单羔	0.3～0.5	1.5～2.0	1.5
	双羔	0.6～0.8	1.5～2.0	1.5
哺乳后期		0.4～0.5	1.0～1.5	0.5

④育成羊和羔羊日消耗饲料定额(表 2-6)。

表 2-6 育成羊和羔羊日消耗饲料定额 kg/只

不同阶段	干草	精料	青贮料	青饲料
育成羊	1.0	0.2~0.3	2.0~3.0	2.5~3.5
羔羊	0.1~0.8	0.05~0.2	0.1~0.2	—

2.怎样确定各类羊群的日粮组成?

羊的饲养方式比较复杂,例如,放牧饲养、放牧加补饲饲养、舍饲饲养等。生产中为了比较准确的计算出羊只的饲料消耗量,编制合理的饲料计划,就必须明确羊的饲养方式和羊的日粮组成。不同的羊场、不同的饲养方式形成的日粮组成存在一定的差异。

3.怎样计算各类羊群的饲料需要量?

计算确定各类羊群的饲料需要量,可根据公式:

饲料需要量=羊群数量(只)×日粮定额(kg/只)×饲养天数

按表 2-3 至表 2-6 提供的数据计算各类羊群每天、每周、每季(计 13 周)及每年(计 52 周)的饲料需要量(表 2-7)。

表 2-7 某羊场饲粮需要量计算结果 kg

羊群	平均饲养头数	饲料需要量			
		每天	每周	每季度	全年
种公羊	40	24	168	2 160	8 760
成年母羊	1 000	520	3 640	46 800	189 800
育成羊	200	86	602	7 740	31 200
羔羊	1 500	616	4 315	55 440	225 000

4.怎样计算各类羊群的饲料供应量?

将各阶段羊群所需的饲草料供给量相加,在此基础上追加 5%~

8％的损耗量，即为该羊场的饲料供应总量，最后将全年各种饲料的需要量进行汇总。羊场各种配合饲料季度供应计划（表2-8）。

$$矿物质饲料＝混合精料供给量×（1％～3％）$$
$$添加剂预混料＝混合精料供给量×1％$$

表2-8　某羊场季度饲料损耗量与供应量　　　　　　　kg

羊群	平均饲养头数	日均用量	季需要量	季度供应量
种公羊	40	24	2 160	2 160
成年母羊	1 000	520	46 800	46 800
育成羊	200	86	7 740	7 740
羔羊	1 500	616	55 440	55 440

5.怎么编制年度饲料供应计划?

不同饲养方式、品种和日龄的羊所需草料量是不同的。各场可根据当地草料资源的不同条件和不同羊群的营养需要，首先制定出各羊群科学合理的饲草料日粮配方，并根据不同羊群的饲养数量和每只每天平均消耗草料量，推算出整个羊场每天、每月、每季度及全年各种草料的需要量，并依市场价格情况和羊场资金实际，做好所需原料的订购、贮备和生产供应。对于放牧和半放牧方式饲养的羊群，还要根据放牧草地的载畜量，科学合理的安排饲草、饲料生产。填写某羊场的年度饲料供应计划（表2-9，表2-10）。

表2-9　　　　年度羊场饲料供应计划　　　　　　kg

项目类别	平均饲养头数	精饲料		干草粉		干苜蓿草		青贮料	
		定额	小计	定额	小计	定额	小计	定额	小计
种公羊	40	0.6	8 700	1	14 600	0.3	4 380	3	43 800
母羊	1 000	0.52	189 800	1	365 000	0.3	109 500	2.5	1 095 000
育成羊	200	0.5	31 200	0.75	60 000	0.3	21 600	2	156 000
羔羊	1 500	0.25	225 000	0.5	342 000	0.2	144 000	1.5	990 000

表 2-10 _____ 年度精料原料供应计划

序号	饲料名称	日均用量/kg	单价/（元/kg）	金额/（元/d）	每季供应量/kg			
					一季度	二季度	三季度	四季度
1	玉米	623	2.44	1 520	56 070	56 070	56 070	56 070
2	麸皮	249.2	2.06	513	22 428	22 428	22 428	22 428
3	豆粕	124.6	4.32	538	11 214	11 214	11 214	11 214
4	胡麻饼	149.5	3.5	523	13 455	13 455	13 455	13 455
5	食盐	31.15	6.8	212	2 803.5	2 803.5	2 803.5	2 803.5
6	石粉	6.23	0.36	2.3	560.7	560.7	560.7	560.7
7	预混料	62.3	1.48	92	5 607	5 607	5 607	5 607

三、饲养管理

（一）认知羊的生活习性及利用

1. 如何合理利用绵羊、山羊的生物学特性？

（1）采食能力强，对粗饲料的利用率高

羊的嘴尖，唇灵活，牙齿锋利，上唇中央有一纵沟，下颚切齿向前倾斜（图3-1），对采食地面很短的牧草、小草和灌木枝叶等都很有利，对植物种子的咀嚼很充分。所以，在马、牛放牧过的草场或马、牛不能利用的草场，羊都可以正常放牧采食，生产中可以进行牛羊混合放牧。

图3-1　羊的采食器官

绵羊和山羊的采食特点明显不同（图3-2）：第一，山羊后肢能站立，有助于采食高处的灌木或乔木的幼嫩枝叶，而绵羊只能采食地面上或低处的草尖与枝叶；第二，绵羊与山羊合群放牧时，山羊总是走在前面抢食，而绵羊则慢慢跟随后边低头啃食；第三，山羊喜欢采食苦味植物；第四，绵羊中的粗毛羊爱吃"走草"，即边走边采食，移动较勤，游走较快，能扒雪吃草，对当地毒草有较高的识别能力；而细毛羊及其杂种羊，则吃的是"盘草"（站立吃草），游走较慢，常落在后面，扒雪吃草，识别毒草的能力较差。

山羊

绵羊

图 3-2　绵羊、山羊采食特点

（2）合群性强

羊的合群性很强，放牧时虽分散，但不离群，一有惊吓或驱赶便马上集中。羊群主要通过眼观、耳听、闻嗅、触碰等来传递和接受各种信息，以保持和调整群体成员之间的活动。利用合群性，在羊群出圈、入圈、过河、过桥、饮水、换草场等活动时，只要有领头羊先行，其他羊只即跟随领头羊前进并发出保持联系的叫声，为生产中的大群放牧提供了方便。但由于群居行为强，羊群间距离近，管理上应避免混群。在羊群中，领头羊多是由年龄较大、子孙较多的母羊来担任，也可利用山羊行动敏捷、易于训练及记忆力好的特点选作领头羊。应注意，经常掉队的羊，往往不是患病，就是年老体弱跟不上群。一般山羊的合群性强于绵羊；所有绵羊品种中，肉用羊最差。

（3）喜干厌湿

羊的牧地、圈舍和休息场所，都以干燥为宜。久居泥泞潮湿之地，则羊只易患寄生虫病和腐蹄病，毛质降低，脱毛严重。不同的绵、山羊品种对气候的适应性不同，如细毛羊喜欢温暖、干旱、半干旱的气候，而肉用羊和肉毛兼用半细毛羊则喜欢温暖、湿润、全年温差较小的气候,但长毛肉用品种的罗姆尼羊,较能耐湿热气候和适应沼泽地区,对腐蹄病有较强的抵抗力。

(4)嗅觉灵敏

羊的嗅觉比视觉和听觉更灵敏,具体表现在以下三个方面。

①靠嗅觉识别羔羊　羔羊出生后,母羊舔舐羔羊身上的胎衣羊水,在羔羊身上留下它特有的气味,母羊就能通过嗅觉识别出它自己的羔羊。羔羊吮乳时,母羊总要先嗅一嗅羔羊身上以及尾部,以辨别是不是自己的羔羊。

②靠嗅觉辨别植物种类或枝叶　羊在采食时,能依据植物的气味和外表细致地区别出各种植物或同一植物的不同品种,选择含蛋白质多、粗纤维少、没有异味的牧草采食。

③靠嗅觉辨别食物和饮水的清洁度　羊在采食草料和饮水之前,总要先用鼻子嗅一嗅。被污染、践踏或发霉、变质、有异味的食物和饮水,都会拒食拒饮。所以,要保持草料的清洁卫生,保证羊只正常采食。

(5)山羊活泼好动,绵羊性情温驯,胆小易惊

山羊机警灵敏,活泼好动,记忆力强,易于训练成特殊用途的羊(如表演);而绵羊则性情温顺,胆小易惊,反应迟钝,易受惊吓而出现"炸群"(即羊群受惊各自离群逃散)。当遇野兽侵害或其他突然惊吓时,山羊能主动大呼求救,并且有一定的抵抗能力;而绵羊性情温驯,缺乏抵抗力,四散逃避,不会联合抵抗。

(6)适应性强

羊对逆境有良好的适应性,主要表现为抗寒耐热,抗旱耐粗饲,抗病力强等。

①抗寒耐热　由于羊毛有隔热作用,能阻止太阳辐射热迅速传到皮肤,所以较耐热。但绵羊的汗腺不发达,蒸发散热主要靠呼吸,其耐热性比山羊差,故当夏季炎热时,常有停食、喘气甚至"扎窝子"(天热时,羊只聚集在一起,相互将头放在对方的腹下)等现象;而山羊不会出现"扎窝子"现象,东游西窜,气温37.8℃时仍能

继续采食。粗毛羊与细毛羊比较,前者较能耐热,只有当中午气温高于 26℃时才开始扎窝子;而后者则在 22℃左右即有此种表现。

②抗旱耐粗饲　羊在极端恶劣条件下,具有令人难以置信的生存能力,能依靠粗劣的秸秆、树叶维持生活。与绵羊相比,山羊更能耐粗,除能采食各种杂草外,还能啃食一定数量的草根树皮,对粗纤维的消化率比绵羊要高出 3.7%。

羊的抗旱能力强于其他家畜。当夏秋季缺水时,羊只能在黎明时分,沿牧场快速移动,用唇和舌接触牧草,以搜集叶上凝结的露珠。在野葱、野百合、大叶棘豆等牧草分布较多的牧场放牧,可几天乃至十几天不饮水。张松荫教授曾用羊作过饥饿试验,甘肃高山细毛羊不吃、不喝 20 d 后开始死亡,有些个体可存活 40 d 之久。相对而言,山羊更能抗旱,山羊每千克体重代谢需水 188 mL,绵羊则需水 197 mL。

③抗病力强　绵、山羊均有较强的抗病力。只要搞好定期的防疫注射和驱虫,给足草、料和饮水,满足羊只的营养需要,羊是很少发病的。体况良好的个体对疾病的耐受力较强,病情较轻时一般不表现症状。因此,在放牧和舍饲管理中必须细心观察,才能及时发现病羊。若等到羊只已停止采食或停止反刍时进行治疗,其疗效往往不佳,给生产造成很大损失。

(7)善于游走

游走有助于增加放牧羊只的采食面积,特别是牧区,羊终年以放牧为主,需长途跋涉才能吃饱喝好,故常常一天往返里程达到 6～10 km。山羊具有平衡步伐的能力,喜登高,善跳跃,采食范围可达崇山峻岭,悬崖峭壁,如山羊可直上直下 60°的陡坡,而绵羊则需斜向作"之"字形游走。

2.怎样合理利用羊的消化特性?

(1)羊的消化器官特点

①胃　羊是反刍动物,具有复胃,羊胃可分为瘤胃、网胃、瓣胃

和皱胃。前两个胃壁黏膜无胃腺,相当于单胃动物的无腺区,统称前胃。皱胃黏膜内分市有消化腺,功能和单胃动物相同,称真胃。四个胃中,瘤胃容积最大,羊能在较短时间内采食大量牧草,未经充分咀嚼,就咽下贮藏在瘤胃内,在休息时反刍。瘤胃和网胃消化作用基本差不多。除机械作用外,内有大量的微生物活动,分解消化食物。瓣胃黏膜形成新月状瓣叶,对食物起机械压榨作用;皱胃黏膜腺体分泌胃液,主要是盐酸和胃蛋白酶,对食物进行化学性消化,羊的其他消化吸收器官与单胃动物基本相似。

②小肠 肠是事物消化和吸收的主要场所,小肠液的分泌与其他大部分消化作用在小肠上部进行,而消化产物的吸收在小肠下部。蛋白质消化后的多肽和氨基酸,以及碳水化合物消化产物葡糖糖通过肠壁进入血液,运送至全身各组织。各种家畜中山羊和绵羊的小肠最长,山羊小肠为其体长的 27 倍之多,小肠的主要作用是吸收营养物质。

③大肠 大肠无分泌消化液的功能,但可吸收水分,盐类和低级脂肪酸。大肠主要功能是吸收水分和形成粪便。凡小肠内未被消化吸收的营养物质,也可在大肠微生物和小肠液带入大肠内的各种消化酶的作用下分解,消化和吸收,剩余渣滓随粪便排出。

(2)成年羊的消化特点

①反刍 羊瘤胃容积很大,能在短时间内大量采食,将未经咀嚼的食物咽下,进入瘤胃,当羊停止采食或休息时,瘤胃内被浸软、混有瘤胃液的食物会自动沿食道管成团逆呕到口中,经反复咀嚼后再吞咽入瘤胃,而后再咀嚼吞咽另一食团如此反复,就是反刍,羔羊出生后约 40 d 开始出现反刍行为,反刍是羊的重要消化生理特点,反刍停止是疾病的征兆,不反刍会引起瘤胃肠气。反刍多发生在吃草后,姿势多为侧卧式,少数为站立。反刍时间与采食牧草的质量有关,牧草粗纤维含量高,反刍时间延长,相反缩短。

②瘤胃的消化生理特点 瘤胃中有大量的细菌和纤毛虫等微生物,相当于一个特殊的发酵罐,利用里面大量的微生物,羊所采

食饲草料中有 55%~95%的碳水化合物,70%~95%的纤维素被消化,并能合成菌体蛋白。可以将氮、尿素等非蛋白氮化合物转变成菌体蛋白,参与其他营养物的分解利用。还可以合成 B 族维生素、维生素 K 等,满足羊体需要。

(3)羔羊消化生理特点

羔羊初生时期前 3 个胃的容积较小,主要起作用的是皱胃,这时羔羊没有消化粗纤维的能力,初生羔羊只能依靠哺乳来满足营养需要,新生羔羊采食干料后,瘤、网胃迅速增大,约在 6 周龄时青年羊瘤胃体积与功能基本接近成年时的水平,瓣胃发育缓慢,达到成年羊瓣胃大小的时间比瘤胃和网胃长。羔羊断奶前,饲喂以乳为主的饲粮时,乳汁是经过由瘤、网胃壁的内膜折叠形成的食道沟直接进入皱胃。羔羊如果仅喂乳汁之类的食物,会延迟前胃的发育。因此,在早期给羔羊补饲容易消化的植物性饲料,能刺激前胃的发育,以饮水的方式哺乳时,羔羊不是抬头而是低头,这种姿势不利于食管沟的闭合,常会使乳汁进入瘤胃而不是绕过瘤胃进入皱胃,乳汁在瘤胃中的消化吸收的效率比皱胃中差,因此,实践中用桶哺乳羔羊的效果往往不如哺乳器好。

(二)种公羊的饲养管理

1.怎样合理饲养种公羊?

种公羊的饲养管理是否得当,饲养水平的高低,不仅关系到种公羊自身生长发育是否正常,而且关系整群羊的繁殖发展。俗话说:"母畜好,好一窝,公畜好,好一坡",就是这个道理。根据种公羊的生理特点,饲养管理可分为配种期和非配种期两个阶段。

(1)配种期

①配种预备期　指配种前 40~45 d。这一时期日粮营养水平应逐步提高,到配种开始达到标准。日粮体积不能过大,以免形成

草腹(腹大下垂),影响配种或采精。在放牧的同时,应给公羊补饲富含蛋白质、矿物质、维生素等营养丰富的日粮。日粮应由公羊喜食的、品质好的多种饲料组成,其补饲量应根据种公羊的体重、膘情与采食量决定。

日粮定额:每日补饲混合精料 0.4～0.6 kg、苜蓿干草或青干草 3 kg、胡萝卜 0.5 kg、食盐 5～10 g、骨粉 5～10 g 的标准饲喂,胡萝卜需切碎之后再喂,精料每天分 2～3 次饲喂,每天自由饮水。有条件者还可根据种公羊的利用情况喂给牛奶或鸡蛋等。可每天让种公羊饮食新鲜牛奶 0.5～1.0 kg 或灌服(或拌料)鸡蛋 2～3 枚。

②正式配种期　配种期公羊,精神处于兴奋状态,不安心采食。这个时期的饲养要特别精心,少给勤添,注意饲料的质量和适口性。必要时每天可以添加一个鸡蛋,以补偿配种期营养特别是蛋白质的大量消耗,并要依据公羊的体况和精液品质及时调整日粮。

日粮定额:一般对于体重 80～90 kg 的种公羊每天补饲混合精料 0.6～0.7 kg,苜蓿干草或青干草 2 kg,胡萝卜 0.5～1.5 kg,食盐 15～20 g,骨粉 5～10 g,鱼粉或血粉 5 g。对于配种任务繁重的优秀种公羊,每天应补饲 0.75～1.0 kg 的混合精料,并在日粮中增加部分动物性蛋白质饲料(如蚕蛹粉、鱼粉、肉骨粉等),以保持其良好的精液品质。

参考精料配方:玉米 50%、麸皮 9%、豆粕 20%、胡麻饼 6%、磷酸氢钙 1%、骨粉 5%、石粉 0.3%、食盐 1.6%、碳酸氢钠 1%、电解多维 0.1%、预混料 1%。

在配种期,配好的精料要均匀地撒在食槽内,经常观察种公羊食欲的好坏,以便及时调整饲料,判别种公羊的健康状况。种公羊要和母羊分开饲养,否则,母羊的鸣叫及发出的气味易被公羊听到或嗅到,影响种公羊的正常生活。

（2）非配种期

非配种期的饲养是配种期的基础。绵羊、山羊的繁殖季节大多集中在 7～8 月份，非配种期较长。在非配种期，有条件的地方要进行放牧，适当补饲豆类精料。配种期以前的体重应比配种旺季增加 10%～20%，否则难以完成配种任务。因此，在配种季节来临前 2 个月就应加强饲养，并逐渐过渡到高能量、高蛋白质的饲养水平。在冬季，种公羊的饲养应保持较高的营养水平，既有利于其体况恢复，又能保证其安全越冬度春。要做到精粗饲料合理搭配，补喂适量青绿多汁饲料（或青贮料）。在精料中应补充一定的矿物质微量元素，坚持放牧和运动。夏季以放牧为主，适当补饲精料。

而配种结束后，种公羊的体况都有不同程度的下降。为使种公羊体况尽快恢复，在配种刚结束的 1～2 个月，种公羊的日粮应与配种期基本一致，但对日粮的组成可作适当调整，加大优质青干草或青绿多汁饲料的比例，并根据体况的恢复情况，逐渐转为饲喂非配种期的日粮。

日粮组成：混合精料不低于 0.5 kg，优质干草 2～3 kg，多汁饲料 1.0～1.5 kg，胡萝卜 0.5 kg。常年补饲骨粉和食盐，食盐 5～10 g，骨粉 5 g。夜间适当添加青干草 1.0～1.5 kg。

参考精料配方：玉米 54.7%、麸皮 12%、豆粕 13.2%、胡麻饼 12%、磷酸氢钙 1%、骨粉 2.5%、石粉 1.2%、食盐 1.3%、碳酸氢钠 1%、电解多维 0.1%、预混料 1%。

2. 如何科学管理种公羊？

必须选派责任心强，有经验的饲养员管理种公羊群。种公羊要与母羊分群饲养，以避免发生偷配，造成乱交滥配、近亲繁殖等现象的发生。种公羊必须给予多样化的饲草饲料，配种期的饲料日粮应按种公羊日粮标准供应。使种公羊保持良好的体质、旺盛的性欲以及正常的采精配种能力。种公羊圈舍要求宽敞、清洁、干燥,并有充足的光线,必要时应添设灯光照射。放牧阶段,每天要保证充足的运动量,每天安排 4～6 h 的放牧运动。常年放牧条件下,应选择优良的天然牧场或人工草场放牧种公羊;舍饲羊场,在提供优质全价日粮的基础上,种公羊配种采精要适度,配种比例为1∶(30～50)。

3. 怎样制定种公羊舍饲养管理操作规程?

舍饲条件下的种公羊,其饲养管理操作因肉羊场的人员配备和种公羊的利用情况而不同。

(1)配种预备阶段饲养管理工作日程(表 3-1)

表 3-1　种公羊配种预备阶段饲养管理工作日程

时间	饲养管理工作日程安排
8:00～10:00	运动、放牧、饮水、早饲
10:00～12:00	采精
12:00～15:00	休息、饮水
15:00～20:00	运动、放牧、饮水
20:00～21:00	晚饲、休息

(2)配种阶段饲养管理工作日程(表 3-2)

表 3-2　种公羊配种阶段饲养管理工作日程

时间	饲养管理工作日程安排
7:00～9:00	运动、放牧、饮水、喂料(喂给日粮 1/2)
9:00～11:00	采精
11:00～12:00	饲喂、休息、运动
14:00～17:00	补饲、休息、采精
17:00～20:00	放牧、饮水
20:00～21:00	喂料(喂给日粮 1/2)、休息

（3）饲养管理技术规范

①种公羊舍应坚固、宽敞、通风良好，并保持舍内环境卫生良好。

②管理种公羊应固定专人，不可随意更换。应注意防止公羊互相角斗，定期对公羊进行健康检查。

③种公羊在非配种期以放牧为主，适量补饲；冬春舍饲应供给多样化的饲草料与多汁饲料。

④在配种开始前一个月应做好采精公羊的排精、精液品质检查和对初次参加配种公羊的调教工作。

⑤配种开始前 45 d 起，逐渐增加日粮中蛋白质、维生素、矿物质和能量饲料的含量。

⑥配种期要保证种公羊每天能采食到足量的新鲜牧草，并按配种期的营养标准补给营养丰富的精料和多汁饲料。

⑦配种期种公羊除放牧外，每天早晚应缓慢驱赶运动各一次，在放牧与运动时应远离母羊群。

⑧定期检查种公羊，保证公羊精神状态良好、性欲强，要做好驱虫、防疫和健胃工作，发现病羊应及时治疗。

（三）繁殖母羊的饲养管理

1.怎样合理饲养空怀母羊？

母羊空怀时与妊娠、泌乳时相比较而言，所需的营养最少，不增重，也不产奶，主要是恢复体况。饲粮精粗比例以料占 15%，粗料占 85% 为宜，以防止过肥。体况好的母羊，在空怀期，只给一般质量的青干草，保持良好体况，钙的摄食量应适当限制，不宜采食钙含量过高的苜蓿干草，以免诱发产褥热。

由于各地产羔季节不同，母羊空怀季节也有差异。我国北方地区产冬羔的母羊 5～7 月份为空怀期；产春羔的母羊 8～10 月份为空怀期。

在空怀期,有条件的地区放牧即可,无条件放牧的区域采取放牧加补饲。其日粮的标准为:混合精料 0.2～0.3 kg、干草 0.3～0.5 kg、秸秆 0.5～0.7 kg。配种前 1～1.5 个月进行短期优饲,增加优质干草、混合精料,保证种母羊在配种季节发情整齐、缩短配种期、增加排卵数和提高受胎率、产羔率;在配种前 2～3 周,除保证饲草的供应、适当喂盐、满足饮水外,还要对繁殖母羊进行短期补饲,每只每天喂混合精料 0.2～0.4 kg,这样做有明显的催情效果。

2.如何科学管理空怀母羊?

管理方面的重点工作在于,注意观察母羊的发情状况,做好发情鉴定,及时配种,保证怀孕。空怀期母羊的饲养管理工作日程(表 3-3)。

表 3-3　空怀期母羊的饲养管理工作日程

时间	饲养管理工作日程安排
6:30～7:30	观察羊群、饲喂、治疗
8:00～8:30	发情检查、配种
9:00～11:30	运动场驱赶运动,清理卫生和其他工作
11:30～14:00	休息
14:00～17:00	放牧或运动场运动,其他工作
17:00～17:30	发情检查、配种
17:30～18:30	饲喂、其他工作

3.怎样合理饲养怀孕母羊?

(1)怀孕前期

妊娠前期是指母羊怀孕的前 3 个月。此时多为秋、冬季节,胎儿生长发育较慢,重量仅占羔羊初生重的 10%。尤其母羊怀孕第

1个月,受精卵在未形成胎盘之前,很容易受外界饲喂条件的影响,例如,喂给母羊变质、发霉或有毒的饲料,容易引起胚胎早期死亡,母羊的日粮营养不全面,缺乏蛋白质、维生素和矿物质等,也可能引起受精卵中途停止发育,所以母羊怀孕第1个月左右的饲养管理是保证胎儿正常生长发育的关键时期。此时胎儿尚小,母羊所需的营养物质虽要求不高,但营养要全面。妊娠前期母羊对粗饲料的消化能力较强,只要搞好放牧,维持母羊处于配种时的体况即可满足其营养需要。进入枯草季节后,为满足胎儿生长发育和组织器官分化对营养物质的需要,应适当补饲一定量的优质青干草、青贮饲料等。日粮可由50%的优质青干草,35%的玉米秸秆或青贮饲料,15%混合精料。维生素、微量元素适量,自由舔食盐砖。

(2)怀孕后期

怀孕后期是指母羊怀孕的后2个月。这时胎儿生长发育快,约为初生重的90%。妊娠第4个月,胎儿平均日增重40~50 g;妊娠第5个月日增重高达120~150 g,且骨骼已有大量的钙、磷沉积。母羊妊娠的最后1/3时期,对营养物质的需要增加40%~60%,钙、磷的需要增加1~2倍。此外,母羊自身也需贮备营养,为产后泌乳做准备。如果营养不足,不但羔羊初生重小,抵抗力弱,成活率低,而且母羊体质差,泌乳量低。因此,母羊在妊娠前期的基础上,能量和可消化粗蛋白可分别提高20%~30%和40%~60%,日粮的精料比例提高到20%~30%。在产前一周,要适当减少精料的喂量,以免胎儿体重过大,造成难产。如果该时期正值枯草季节,除放牧以外,每只羊每日补饲青干草1.5~2.0 kg、青贮饲料1.0~1.5 kg、混合精料0.4~0.6 kg,可能产多羔的母羊再增加0.2~0.3 kg精饲料,胡萝卜0.5 kg,食盐10.0 g,骨粉10 g。产前10 d左右多喂一些多汁饲料,以促进乳汁分泌。

4.如何科学管理妊娠母羊?

对于配种妊娠后的母羊,可在妊娠期母羊的饲养管理工作日程(表 3-4)的基础上,具体做好以下工作。

表 3-4　妊娠期母羊的饲养管理工作日程

时间	饲养管理工作日程安排
5:30~6:00	观察羊只,清洗料槽和水槽
6:00~7:00	饲料的准备与拌料
7:00~9:00	饲喂、休息、运动
9:00~10:30	清扫羊舍、换水
10:30~14:00	羊只运动、休息、反刍,运动场补饲
14:00~15:30	观察羊只、清洗料槽,准备饲料、拌料
15:30~17:30	喂料、运动、休息
17:30~18:30	清理羊舍
18:30~5:30	羊只休息

(1)做好防流保胎工作

一定要保证饲草、饲料品质优良,严禁饲喂冰冻、发霉、变质和霉变的饲草饲料。每天要密切注意羊只状态,强调"稳、慢",羊只出圈舍要平稳、严防拥挤,不驱赶、不惊吓,提防角斗,不跨沟坎,不让羊走冰滑地,抓羊、堵羊和其他操作时要轻。羊圈面积要适宜,每只羊在 $2\sim2.5\ m^2$ 为宜,防止过于拥挤或由于争斗而产生的顶伤、挤伤等机械伤害而造成流产。

母羊妊娠后期仍可以放牧,但要选择平坦开阔的牧场,保持一定的运动,有利于胎儿的生长,产羔时不易发生难产,出牧、归牧不能紧迫急赶。对于可能产双羔的母羊及初次参加配种的小母羊要格外加强管理。母羊临产前一周左右,放牧时不得走远,应在羊舍附近做适量的运动,以保证分娩时能及时回到羊舍。

（2）保证清洁的饮水

不饮冰冻水、变质水和污染水，最好饮井水，可在水槽中撒些玉米面、豆面以增加羊只饮水欲。

（3）做好保温防寒工作

秋、冬季节气温逐渐下降，一定要封好羊舍的门窗和排风洞，防止贼风，以降低母羊能量消耗。

（4）母羊产前 2 周管理

应适当控制粗料的饲喂量，尽可能喂些质地柔软的饲料，如氨化、微贮或盐化秸秆以及青绿多汁饲料，精料中要增加麸皮喂量，以利通肠利便。母羊分娩前 7 d 左右，应根据母羊的消化、食欲状况，减少饲料的喂量。

（5）围产期护理

若母羊体质好，乳房膨胀并伴有腹下水肿，应从原日粮中减少 1/3～1/2 的饲料喂量，产羔当天不给母羊喂精料，喂易消化的青草或干草，饮温热的麸皮水，加放一些食盐和红糖，以防母羊分娩初期乳量过多或乳汁过浓而引起母羊乳腺炎、回乳和羔羊消化不良而下痢；对于比较瘦弱的母羊，如若产前一星期乳房干瘪，除减少粗料喂量外，还应适当增加豆饼、豆浆或豆渣等富含蛋白质的催乳饲料，以及青绿多汁的饲料，以防母羊产后缺奶。母羊产后逐渐增加精料喂量，10～14 d 增到最大喂量。

5. 怎样合理饲养泌乳母羊？

母羊泌乳期营养母羊产羔后进入哺乳期，哺乳期为 3～4 个月。生产中，将哺乳期划分为哺乳前期和哺乳后期。

（1）哺乳前期

母乳是初生羔羊重要的营养物质，尤其是出生后 15～20 d 内，几乎是唯一的营养物质。应保证母羊全价的营养，以提高产乳量，否则产乳量下降，影响羔羊发育。为保证母羊的泌乳力，除放牧外，必须补饲青干草、多汁饲料和精饲料。产单羔的母羊每天补饲混合精料 0.5～0.6 kg,产双羔的母羊和高产母羊每天补给混合精料 0.6～0.7 kg,产单、双羔母羊均补饲优质干草 3～3.5 kg,胡萝卜 1.5 kg。冬季尤其要补饲多汁饲料。

哺乳期母羊精料参考配方:玉米 53.2%、麸皮 8%、豆粕7.3%、棉籽粕 12%、胡麻饼 14%、磷酸氢钙 1%、石粉 1.2%、食盐2%、碳酸氢钠 1.2%、电解多维 0.1%、预混料 1%。

（2）哺乳后期

母羊的泌乳能力逐渐下降,即使加强补饲,也很难达到哺乳前期的泌乳水平,而且羔羊的瘤胃功能已趋于完善,能采食一定的青草和粉碎的饲料,对母乳的依赖程度减小,饲养上应注意恢复母羊体况和为下一次配种做准备。因此,对母羊可逐渐降低补饲标准,一般混合精料可降至 0.3～0.4 kg,青干草 1.0～2.0 kg,胡萝卜1.0 kg。羔羊断奶前几天,要减少多汁饲料和混合精料的喂量,以免发生乳腺炎。

6.如何科学管理泌乳母羊?

对于泌乳母羊,可在哺乳期母羊的饲养管理工作日程（表 3-5）的基础上,具体做好以下几方面的工作。

（1）产后母羊的护理

应注意保暖、防潮、避免伤风感冒,要保持圈舍卫生干燥、清洁和安静。产羔后 1 h 左右,应给母羊饮 1.0～1.5 L 温水或豆浆水,切忌饮冷水。同时要喂给优质干草,前 3 d 尽量不喂精饲料,以免引发乳腺炎。饲喂精饲料时,要由少到多逐渐增多。随着母羊初乳阶段的结束,精料量和青饲料可逐渐增至预订量。经过助产的母羊,要向子宫注入适量的抗生素,对难产的母羊要精心的治疗。

（2）羔羊舍的管理

早春时节天气仍然寒冷,对产羔舍要采取保温措施,不能有贼风侵入,舍内地上要垫上清洁柔软的垫料。产羔舍在母羊未进入前要彻底消毒,以后每隔 5 d 用消毒剂喷洒 1 次。临产的母羊要提前 1~2 周进入产房。产前 20 d 必须喂低钙日粮,日粮中的钙含量以 0.2% 为宜,产后立即增到 0.8%,可防止母羊产后瘫痪。产前 5~6 d 给母羊注射维生素 D 也能有效预防产后瘫痪。产后立即注射催产素 5~10 IU、产后康 2 支,预防产褥热、乳腺炎、子宫炎的发生,促进母羊子宫早日复原,尽早发情配种。也可灌服益母草汤。

(3)疾病防疫

产后 30 d 进行有关疫苗的预防注射。配种前驱虫,有利于母羊怀孕,防止由寄生虫引起流产。畜卫佳粉剂驱除其体内线虫和体表寄生虫效果好,丙硫苯咪唑能驱除绦虫、吸虫、线虫等,两者合用具有很好的互补作用。

(4)产后配种安排

一般在母羊产后 40~60 d 配种,不能自然发情的要进行人工催情。母羊配种前体重每增加 1 kg,产羔率可提高 2.1%。在配种前 20 d 增加精饲料的喂量,特别是能量饲料,能明显提高母羊的受胎率。

表 3-5　哺乳期母羊的饲养管理工作日程

时间	饲养管理工作日程安排
5:30~6:00	观察羊只,清洗料槽和水槽
6:00~7:00	饲料的准备与拌料
7:00~9:00	羔羊吃乳、饲喂、休息、运动
9:00~10:30	清扫羊舍、换水
10:30~12:00	羔羊吃乳、喂料
12:00~14:00	羊只运动、休息、反刍,运动场补饲
14:00~15:30	观察羊只、清洗料槽,准备饲料、拌料
15:30~17:30	羔羊吃乳、喂料、运动、休息
17:30~18:30	清理羊舍、观察羊群、羔羊吃乳、
18:30~5:30	羊只休息

(四)羔羊和育成羊的饲养管理

1.怎样合理饲养哺乳羔羊?

羔羊出生后,体质较弱,适应能力较差,抵抗力低,容易发病死亡。因此,搞好初生羔羊的护理工作,是减少羔羊发病死亡、提高成活率的关键。因此,在饲养方面应做好以下几方面的工作。

(1)早吃初乳,吃好常乳

羔羊产后应尽早吃到初乳,初乳是母羊分娩后 3~5 d 内分泌的乳汁,颜色微黄,比较浓稠,营养十分丰富,含有丰富的蛋白质、脂肪、矿物质等营养物质和抗体,尽早吃到初乳能增强体质,提高抗病能力,并有利于胎粪的排出。

羔羊出生后 10 min 左右就可自行站立,寻找母羊乳头,自行吮乳。5 d 后进入常乳阶段,常乳是羔羊哺乳期营养物质的主要来源,尤其在生后第 1 个月,营养全靠母乳供应,羔羊哺乳的次数因日龄不同而有所区别,1~7 日龄每天自由哺乳,7~15 日龄饲喂 6~7 次,15~30 日龄 4~5 次,30~60 日龄 3 次,60 日龄至断乳 1~2 次。每次哺乳应保证羔羊吃足吃饱,吃饱奶的羔羊精神状态良好、背腰直、毛色光亮、生长快。缺乳的羔羊则被毛蓬松、腹部扁、精神状态差、弓腰、经常呼唤母羊等。

(2)做好孤羔和缺乳羔羊的寄养或人工哺乳

对于一些母性差的母羊,特别是初产母羊,无护羔经验,产后不去哺乳,这时要把母羊保定住,把羔羊抱到母羊乳房跟前,促使羔羊吸乳,几次后羔羊就能自己找母羊吃奶了。对于吃不够母乳的羔羊,应给它找保姆羊,就是把羔羊寄养给死了羔羊或奶水充足的单羔母羊,为防止保姆羊拒绝给吃奶,要先把保姆羊的奶水或尿液抹在寄养羔羊头部和后躯,以混淆保姆羊的嗅觉,几次后保姆羊就能认羔哺乳了。

如果母羊产后死亡，或患乳腺炎或产羔多，而又找不到保姆羊，这时可采用人工哺乳。人工哺乳的关键是代乳品、新鲜牛奶等的选择和饲喂。

①代乳品 选择代乳品时应注意以下几个问题：第一，营养价值接近羊奶，消化紊乱少；第二，消化利用率高；第三，配制混合容易；第四，添加成分悬浮良好。对于条件好的羊场或养殖户，可自行配制人工合成奶类，其主要成分为脱脂奶粉 60%，还含有脂肪干酪素、乳糖、面粉、玉米淀粉、食盐、磷酸钙和硫酸镁。

②新鲜牛奶 选用新鲜牛奶，要求定时、定温、定质，奶温35～39℃，初生羔羊每天哺乳 4～5 次，每次喂 100～150 mL，以后酌情决定哺乳量，逐渐减少哺乳次数。哺乳初期采用有乳嘴的奶瓶进行哺乳，防止乳汁进入瘤胃异常发酵而引起疾病，同时，严格控制哺乳卫生条件。

（3）尽早训练，抓好补饲

羔羊生后 10～40 d，应给羔羊补喂优质的饲草和饲料，一方面使羔羊获得更加完全的营养物质；另一方面通过训练采食，可以促进羔羊瘤胃消化机能的完善，提高采食消化能力。羔羊生后 10～15 d，即可训练采食干草，其方法是将干草悬吊、投以香料（将豆饼炒熟）诱食。20 日龄左右可训练采食混合精料。为防止浪费，应注意喂量，少给勤添，羔羊补饲精料最好在补饲栏中进行，羔羊一般每天每只喂给精料量为：15～30 日龄 50～75 g，1～2 月龄100～150 g，2～3 月龄 200～250 g，3～4 月龄喂给 250～300 g。混合精料以黑豆、黄豆、豆饼、玉米等最好，干草以苜蓿干草、青野干草等为宜。另外，在精料中拌一定量食盐（1～2 g/d）为佳。从30 d 起，可用切碎的胡萝卜混合饲喂。羔羊早期补饲日粮可参考NRC 推荐的羔羊早期补饲日粮配方（表 3-6）。

表 3-6　NRC 推荐的羔羊补饲日粮配方

(郭志明.2014.养羊生产技术)

饲料原料/%	配方 A	配方 B	配方 C
玉米	40.0	60.0	88.5
大麦	38.5	—	—
燕麦	—	28.5	—
麦麸	10.0	—	—
豆饼、葵花籽饼	10.0	10.0	10.0
石粉	1.0	1.0	1.0
加硒微量元素盐	0.5	0.5	0.5
金霉素或土霉素/(mg/kg)	15.0～25.0	15.0～25.0	15.0～25.0
维生素 A(U/kg)	500	500	500
维生素 D(U/kg)	50	50	50
维生素 E(U/kg)	20	20	20

注:①6 周龄以内要碾碎,6 周龄以后整喂;②苜蓿干草单独饲喂,自由采食;③石灰石粉与整粒谷物混拌不到一起,取豆饼等蛋白质饲料与 10%石灰石粉混拌加在整粒谷物的上面喂;④大麦、燕麦可以用玉米替代;⑤预防尿结石病可以另加 0.25%～0.50%氯化铵。

2.如何对羔羊实施早期断奶?

(1)确定断奶时间

羔羊早期断奶缩短了母羊的繁殖周期,推进密集产羔体系的发展。早期断奶的时间一般在羔羊出生后 40～60 d 进行。

(2)操作技术

①正确选择饲料　不论是开食料,还是早期的补饲料,必须根据哺乳羔羊消化生理特点和对营养物质的需求,选择好的饲料,其选择标准为:一是饲料的适口性要好,容易消化吸收;二是营养价值高,保证羔羊生长发育的需要,特别是能量和蛋白质;三是补饲

饲料成本低,饲料形状最好以颗粒饲料为主。饲料配合时应注意:蛋白质不低于 15％;饲喂颗粒饲料可加大采食量,提高日增重,颗粒直径为 0.4～0.6 cm;日粮中应添加维生素,每 100 kg 日粮按 4 g 计量。

②补饲方法 在母羊圈舍内放置一个羔羊补饲栏,栏板间距以进出一只羔羊为标准,补饲栏内设料槽和水槽,每天将羔羊补饲料放置其中,羔羊可自由出入,自由采食。这样,既保证羔羊在补饲栏内可采食到补饲料,又可在栏外吃到母乳,满足羔羊生长发育所需营养,加快羔羊的生长速度。早期隔栏补饲一般在羔羊出生后 7～10 日龄开始进行诱食,待羔羊能够习惯采食补饲料后,补饲料量可由最初的每只每天 50 g 左右逐渐增加至 2 月龄的 350～400 g。

③羔羊早期断奶方案设计 羔羊早起断奶时间与场内设备设施、人员技术水平、气候特点和饲草料等密切相关。现将西北农业大学畜牧试验站所用的羔羊哺乳期培育方案介绍如下(表 3-7),供广大肉羊生产者参考。

在此方案实施过程中,应注意以下 3 个问题:

第一,一昼夜的最高哺乳量,母羔不应超过体重的 20％,公羔不应超过体重的 25％。

第二,在体重达到 8 kg 以前,哺乳量随着体重的增加渐增。体重在 8～13 kg 以后,哺乳量不变。在此期应尽量使羔羊采食草料。体重达 13 kg 以后,哺乳量渐减,草料渐增。体重达 18～24 kg 时,可以断奶。整个哺乳期平均日增重母羔不应低于 150 g,公羔不应低于 200 g。若平均日增重达到 250 g 以上时,会对奶羊的体质造成一定的伤害,导致母羊营养严重缺乏,对以后产奶不利。

第三,哺乳期间,若有优质的豆科牧草和精料,只要能按期完成增重指标,也可以酌情减少哺乳量,缩短哺乳期。

表 3-7　羔羊哺育期培育方案

| 日龄 | 日增重/g | 期末体重/kg | 哺乳次数/次 | 哺给全乳量 | | | 嫩干草 | | 混合精料 | | 青草或块茎类 | |
				一次/g	昼夜/g	全期/kg	昼夜/g	全期/kg	昼夜/g	全期/kg	昼夜/g	全期/kg
1～7		4.5	自由哺乳									
8～10	150	5.0	4	220	880	2.64						
11～20	150	6.5	4	300	1 200	12.0						
21～30	150	8.0	4	350	1 400	14.0	60	0.6				
31～40	150	9.5	4	400	1 600	16.0	80	0.8	50	0.5	80	0.8
41～50	150	11.0	4	350	1 400	14.0	100	1.0	80	0.8	100	1.0
51～60	150	12.5	4	350	1 400	14.0	120	1.2	120	1.2	120	1.2
61～70	150	14.0	3	300	900	9.0	140	1.4	150	1.5	140	1.4
71～80	150	15.5	3	300	900	9.0	160	1.6	180	1.8	160	1.6
81～90	150	17.0	3	300	900	9.0	180	1.8	210	2.1	180	1.8
91～100	150	18.5	2	300	600	6.0	200	2.0	240	2.4	200	2.0
101～110	150	20.0	2	200	400	4.0	220	2.2	270	2.7	220	2.2
111～120	150	21.5	1	200	200	2.0	240	2.4	300	3.0	240	2.4
合计		21.5				111.64		15.0		16.0		14.4

3. 如何科学管理哺乳羔羊?

因哺乳羔羊年龄小,处于各方面的生长发育时期,采食、消化、体温调节及适应能力等还不完善,应做好以下工作:

(1)母子分群,定时哺乳,羊舍内培育

即白天母子分群,羔羊留在舍内饲养,每天定时哺乳,羔羊在舍内养到1月龄左右时单独放出运动。

(2)母子不分群,一起饲养

羔羊 20 日龄以后,母子可合群放出运动。圈舍要保持干燥、卫生、保暖，勤换垫草，舍内温度保持在 5～8℃，防止肺炎、下痢等疾病的发生，并注意观察羔羊的哺乳、精神状态及粪便，发现患病应及时隔离治疗。

（3）防寒保温

初生羔羊的体温调节能力差，对外界温度的变化很敏感，所以要做好初生羔羊的保温防寒工作。羔羊产下后，要让母羊尽快舔干羔羊身上的胎液，这样有利于羔羊体温的调节和排出胎粪，如母羊不愿舔，可在羔羊身上撒些麸皮，引诱母羊舔羔。羔羊舍温度一般应保持在 5℃ 以上，地面应铺些柔软的干草、麦秸等，舍内不能有贼风侵袭。

（4）搞好圈舍卫生

对羊舍及周围环境要严格消毒，对病羔实行隔离治疗，对死羔及其污染物及时处理，控制传染源。杜绝一切发病因素的产生，要对羔羊进行细致的观察，查看食欲、精神状态、粪便等是否正常，发现有病时及时治疗。

4.如何合理饲养育成羊?

育成羊是指断奶至第一次配种前的青年公、母羊（4～18 月龄）。一般将育成羊分为育成前期（4～8 月龄）和育成后期（9～18月龄）两个阶段进行饲养。育成羊生长发育快，对各种营养物质的需求量多，增重强度大，这一阶段如满足其对营养物质的需要，能促进羊只的生长发育、提高生产性能；如不能满足其对营养物质的需要，则会导致生长发育受阻，易出现胸浅体窄、腿高骨细、体质弱、体重小、抗病力差等不良的个体，从而直接影响种用价值。

（1）生长发育特点

①生长发育快 育成羊全身各系统均处于旺盛生长发育阶段，与骨骼生长发育关系密切的部位仍然继续增长，如体高、体长、胸宽、胸深增长迅速，头、腿、骨骼、肌肉发育也很快，体型发生明显的变化。

②瘤胃的发育迅速　6月龄的育成羊,瘤胃容积增大,占胃总容积的75%以上,接近成年羊的容积比。

③生殖机能的变化　一般育成母羊6月龄以后即可表现正常的发情,卵巢上出现成熟卵泡,达到性成熟。育成羊8月龄左右接近体成熟,可以配种。育成羊开始配种的体重应达到成年羊体重的65%~70%。

(2)饲养技术

①合理分群　断奶后,羔羊按性别、大小、强弱分群,加强补饲,按饲养标准采取不同的饲养方案,按月抽测体重,根据增重情况调整饲养方案。羔羊在断奶组群放牧后,仍需继续补喂精料,补饲量要根据牧草情况决定。育成期饲养应结合放牧,更注重补饲,使其在配种时达到体重要求。对育成羊应按照性别单独组群,安排在较好的草场,保证充足的饲草。

②适当的精料水平　育成羊阶段仍需注意精料量,有优良豆科干草时,日粮中精料的粗蛋白含量提高到15%~16%,混合精料中的能量水平占总日粮能量的70%左右。混合精料日喂量以0.4 kg为好,同时还要注意矿物质、钙、磷和食盐的补给。育成公羊生长发育比育成母羊快,所以精料需要量多于育成母羊。精料的喂量应根据品种和各地具体条件而定,一般每天喂量0.2~0.3 kg,注意钙、磷的补充。在配种前对体质较差的个体应进行短期优饲,适当提高精料喂量。

③科学饲喂　饲料类型对育成羊的体型和生长发育影响很大,优良的干草、充足的运动是培育育成羊的关键。给育成羊饲喂大量优质干草,不仅有利于消化器官的充分发育,而且可使育成母羊体格高大,乳房发育明显,产奶多。

④控制配种体重　一般育成母羊在满8~10月龄,体重达到40 kg或达到成年体重的65%以上时配种。育成母羊的发情不如成年母羊明显和规律,因此要加强发情鉴定,以免漏配。育成公羊需在12月龄以后,体重达到60 kg以上时再参加配种。

⑤舍饲育成羊精料配方

a.育成前期(4～8月龄):精料配方a:玉米68%、麦麸10%、豆饼7%、花生饼12%、磷酸氢钙1%、添加剂1%、食盐1%。日粮组成:精料0.4 kg,苜蓿0.6 kg、玉米秸秆0.2 kg。精料配方b:玉米50%、麦麸12%、花生饼20%、豆饼15%、石粉1%、添加剂1%、食盐1%。日粮组成:精料0.4 kg、青贮饲料1.5 kg,干草0.2 kg。

b.育成后期(8～18月龄):精料配方a:玉米45%、麦麸15%、花生饼25%、葵花饼13%、磷酸氢钙1%、添加剂1%、食盐1%。日粮组成:精料0.5 kg、青贮饲料3 kg、干草0.6 kg。精料配方b:玉米80%、麦麸10%、花生饼8%、添加剂1%、食盐1%。日粮组成:精料0.4 kg、苜蓿0.5 kg、玉米秸秆1 kg。

5.如何科学管理育成羊?

育成期羊的管理直接影响到羊的提早繁殖,必须予以重视。在放牧时,要注意训练头羊,控制好羊群,放牧行走距离不能过远,舍饲要加强运动,有利于羊的生长发育和防止形成草腹。育成母羊体重达35.0 kg、育成公羊在1.5岁以后,体重达到40.0 kg以上可参与配种,配种前还应保持良好的体况,适时进行配种和采精调教,实现当年母羔80%参加当年配种繁殖。同时,搞好圈舍卫生,做好羊的防疫、驱虫等日常管理工作。

6.怎样制定羔羊和育成羊饲养管理操作规程?

(1)羔羊饲养管理操作规程

①工作目标

哺乳期羔羊的成活率在95%以上;羔羊断奶平均体重在15 kg以上。

②工作日程(表3-8)

表 3-8　羔羊的饲养管理工作日程

羔羊类型	饲养方式	时间	饲养管理工作日程安排
冬春羔	舍饲	时间安排与母羊相同	每天上、下午各安排母、仔合群 1 次,保证羔羊吃乳 2 次,其余时间每仔分开
	半舍饲半放牧	6:30～7:30	检查羊群
		7:30～9:30	第一次饲喂、饮水,先粗后精、自由饮水
		9:00～9:30	羔羊与母羊合群吃乳
		9:30～17:30	运动、反刍、卧息,清扫羊舍和饲槽,检查羊群
		17:30～18:30	运动、吃乳、反刍、卧息,清扫羊舍、饲槽,检查羊群
		18:30～21:30	添草、饮水,检查羊群
		21:30～6:30	卧息、反刍
秋羔	舍饲	时间安排与母羊相同	每天上、下午各安排母、仔合群一次,保证羔羊吃乳两次,其余时间每仔分开
	半舍饲半放牧	5:30～6:30	检查羊群
		6:30～9:30	第一次放牧,清扫羊舍和饲槽,归牧
		9:90～9:30	羔羊归母羊群吃乳
		9:30～11:30	第一次饲喂、饮水。先粗后精,自由饮水
		11:30～15:30	卧息、反刍、运动,羔羊归母羊群吃乳
		15:30～18:30	第二次放牧,归牧
		18:30～21:30	第二次饲喂精料、添草,自由饮水
		21:30～5:30	卧息、反刍

③技术规范

a.羔羊出生后人工帮助使其在站立后吮食初乳,对缺乳或多胎羔羊应采用保姆羊或人工哺乳,20 日龄内羔羊每天哺乳 4～5 次。

b.羔羊舍应温暖、明亮、无贼风,勤铺换垫料,保持圈舍和运动场清洁、干燥卫生,羔羊出生时舍内温度应保持在 8℃以上。

c.羔羊 2 周龄内应以母乳为主食,对乳量不足或多胎羔羊应进行人工哺乳,人工哺乳时应定时定量,并注意代乳品和哺乳器具的卫生。

d.羔羊 1 周龄后,应进行诱食、采食训练,逐渐过渡为脱离母乳、独立采食。温暖无风的天气,可放至舍外运动场自由活动。不留种的公羔应及时去势,瘦弱的羔羊适当延迟。

e.羔羊 20 日龄后在晴天时可跟随母羊就近放牧,并增加草料的补饲量,每日哺乳 2~3 次。

f.毛用羔羊一般 3~4 月龄断奶,肉用羔羊可在 2 月龄左右断奶。断奶后转入育肥期。在整个育肥期均应保证羊的放牧时间或充足运动(舍饲)。育肥前期(30 d 左右)应以饲喂优质青干草为主,适量补饲;育肥中期(60 d 左右)应逐渐加大钙、磷和蛋白质类饲料的补饲量;育肥后期(15 d 左右)应加大能量饲料的补饲量,进行强度育肥。

g.饲料或饮水中适当添加一些抗应激药物,如维力康、电解多维、矿物质添加剂等,并适当添加一些抗生素药物如支原净、多西环素、土霉素等。

h.喂料时观察食欲情况,清粪时观察排粪情况,休息时检查呼吸情况。发现病羊,对症治疗,严重者隔离饲养,统一用药。

i.根据季节变化,做好防寒保温、防暑降温及通风换气工作。舍内适宜有害气体浓度适宜,并尽量降低。

j.每周消毒两次,每周更换一次消毒药。

(2)育成羊饲养管理操作规程

①工作目标 育成期羊只的成活率在 95% 以上;6 月龄体重在 35~40 kg 以上。

②工作日程 工作时间随季节变化,其工作日程(表 3-9)应作相应的前移或后移。

表 3-9　育成羊饲养管理工作日程

时间	饲养管理工作日程安排
6：30～7：30	观察羊群、饲喂、治疗
8：00～8：30	发情检查、配种
9：00～11：30	运动场驱赶运动，清理卫生和其他工作
11：30～14：00	休息
14：00～17：00	运动场驱赶运动
17：00～17：30	发情检查、配种
17：30～18：30	饲喂、其他工作

③技术规范

a. 转入断奶羔羊前，空舍应维修，彻底清扫、冲洗和消毒，空舍时间一般为 3～7 d。

b. 公母分群饲养，并保持合理的饲养密度，转入后 1～7 d 注意饲料的逐渐过渡，饲料中适当添加一些抗应激药物，并控制饲料的喂量，少喂勤添，每日 3～4 次，以后自由采食。

c. 饮水设备应放置在显眼的位置，保证羊只饮用清洁卫生的饮水。保持圈舍和运动场的卫生，形成良好的小气候环境条件。根据季节变化，做好防寒保温、防暑降温及通风换气工作，控制舍内有害气体浓度，并尽量降低。

d. 做好羊只的免疫、驱虫和健胃等工作。后备羊配种前体内外驱虫一次，发现病羊应及时隔离饲养和治疗。

e. 做好发情鉴定工作，母羊发情记录从 5～6 月龄时开始。仔细观察初次发情期，以便在第 2～3 次发情时及时配种，并做好记录。

f. 喂料时仔细观察羊只的食欲情况；清粪时观察粪便的颜色；休息时检查呼吸情况。发现病羊，对症治疗，严重者隔离饲养，统一用药。

g. 育成羊 7～8 月龄转入配种空怀舍，应加强饲养管理，及时试情,母羊 8～10 月龄或体重达到 40 kg 左右时进行配种。

h.每周消毒两次,每周更换一次消毒药。

(五)肉羊育肥

1.如何合理利用肉羊的生长特点?

肉羊肥育的目的,就是利用羊自身的生长发育规律,通过相应的饲养管理措施,使羊体内肌肉和脂肪的总量增加,并使羊肉的品质得到改善,从而获取较好的经济效益。因此,只有了解羊的生长特点,才能利用它,合理地组织肉羊生产。

(1)哺乳期

哺乳期指羔羊出生到断奶的这段时期,一般 3～4 个月,是羔羊对外界环境逐渐适应的时期。羔羊由出生前依靠母体供应营养物质和氧气到出生后依靠自身的呼吸机能和消化机能获得氧气和营养物质是一个巨大变化。但是,羔羊的主要营养物质来源仍依靠母羊(乳汁)。出生后最初 1～2 周内,羔羊的体温调节机能、消化机能、呼吸机能都发育不全,适应环境的能力很差,加之,这一时期羔羊的生长发育又非常迅速,因此,哺乳期若对羔羊饲养管理不精细很容易造成死亡。

(2)育成期

育成期指羔羊由断奶到性成熟这段时期。幼年期羔羊由依赖母乳过渡到食用饲料,采食量不断增加,消化能力大大加强,骨骼和肌肉迅速增长,各组织器官也相应增大,绝对增重逐渐上升,是生产肥羔的最有利时期。

(3)青年期

青年期指由性成熟到生理成熟(发育成熟或体成熟)的这段时期。这时羊的各组织器官的结构和机能逐渐完善,绝对增重达最高峰,以后则下降。对于肉羊而言,这一时期往往也是有效的经济利用时期。

（4）成年期

成年期羊只体型已定型，生理机能已完全成熟，生产性能已达最高峰，能量代谢水平稳定，在饲料丰富条件下，能迅速沉积脂肪。

（5）老年期

老年期羊只整个机体代谢水平开始下降，各种器官的机能逐渐衰退，饲料利用率和生产性能也随之下降，呈现各种衰老现象。

因此，羊的生长发育具有明显的阶段性。各阶段的长短因品种而异，且可通过一定的饲养管理条件加快或延迟。另外，大量的研究表明：羊的肌肉、脂肪、骨路等组织器官以及外形在各生理阶段的生长发育不是等比例的，即生长发育的各生理阶段具有不平衡性。

羊只出生后肌肉的增多主要是肌肉纤维体积的增大，因而，老羊肉肌纤维粗糙，而羔羊肉肌纤维细嫩；脂肪沉积的部位也随羊只不同而有区别。一般首先贮存于内脏器官附近，其次在肌肉之间，继而在皮下，最后积贮于肌肉纤维中，所以越早熟的品种，其肉质越细嫩。年老的羊经过肥育，达到脂肪沉积于肌纤维间，肉质也可变嫩些。生产实践中，利用羊只这些生长发育规律合理组织生产，将会收到良好的效果。

2.怎样做好育肥前的准备工作？

肉羊一旦开始进入肥育期，需要做好准备以下几个方面的准备工作。

（1）称重、防疫和驱虫

若为收购或经长途运来的羊只，达到当天不宜给料，只是饮水并适当喂点干草，让其好好休息。休息后再进行称重、分群并注射四联苗和口服驱虫药。

（2）创造适宜的生活环境

保证并保持圈舍安静舒适，也就是要保持羊舍地面干燥、软和、通风良好,温度适宜,干净安静,饲槽够用,密度适中。

(3)缓慢过渡日粮

变换日粮,特别是增加精料或更换饲草务必逐渐缓慢进行。在不得不换饲料种类时,变换过程中一定要做到新旧搭配,逐渐加大新饲料的比例。增喂精料,特别是对原来没有喂过精料的羊只,递增速度一定要慢,一般需经 15 d 才可到达足量。

(4)严格控制喂料量

饲料给量要准,也就是说要保证全部羊只,尤其是弱小羊都能吃饱而又无太多的剩余。并且还要做到喂后及时打扫羊槽,以便保持羊只食欲旺盛。

(5)剪毛

天气条件允许时,若为绵羊,在不至影响毛皮品质的情况下可对羊只进行一次剪毛,这对羊只增重往往都是非常有利的。

(6)观察羊群活动状况

加强检查和查看,特别是最初半月以内,要注意从群中挑出病羊和弱羊予以淘汰。同时也要注意发现饲养管理中容易存在和可能发生的问题,以便能够及时纠正。肥育开始以后,一切工作都必须围绕加快羊只增重,提高养羊效益来安排。

3.怎样进行肥羔生产?

肥羔生产是将羔羊 1～2 月龄断奶,转入育肥,4～6 月龄体重达 30～35 kg 出栏。肥羔肉鲜嫩,肌纤维细嫩、肉中筋腱少、多汁,脂肪含量低,蛋白质含量高,容易消化吸收,膻味轻。羔羊早期育肥,具有投资少、产出高、方式灵活、能充分利用早龄羔羊饲料转化率高的有利条件等显著特点。

(1)羔羊选择

选择良种化程度高的肉用品种或杂交品种,同时从 2 月龄断奶羔群中选择体格大,早熟性好,健康无病,四肢健壮,骨架大,腰身长,蹄质坚实的公羔作为育肥羔。

（2）育肥方法

①舍饲育肥　舍饲育肥不但可以提高育肥速度和出栏率，而且可保证市场羊肉的均衡供应。配方 a：玉米粉、草粉、豆饼各 21.5%、玉米 17%、葵子饼 10.3%、麦麸 6.9%、食盐 0.7%、尿素 0.3%、添加剂 0.3%。前 20 d 每只羊日喂精料 350 g，中期 20 d 每只 400 g，后期 20 d 每只 450 g，粗料不限量，适量青料。配方 b：玉米 66%、豆饼 22%、麦麸 8%、骨粉 1%、细贝壳粉 0.5%、食盐 1.5%、食盐 1.5%、尿素 1%、添加含硒微量元素和 AD$_3$ 粉。混合精料与草料配合饲喂，其比例为 60：40。一般羊 4～5 月龄时每天喂精料 0.8～0.9 kg，5～6 月龄时喂 1.2～1.4 kg，6～7 月龄时喂 1.6 kg。配方 c：统糠 50%、玉米粗粉 24%、菜籽饼 8%、糠饼 10%、棉籽饼 6%、贝壳粉 1.5%、食盐 0.5%。每天饲喂 3 次，夜间加喂 1 次。夏秋供井水，冬春饮温水。饲喂顺序是：先草后料，先料后水。早饱，晚适中，饲草搭配多样化，禁喂发霉变质饲料，干草要切短。羊减食每只喂干酵母 4～6 片。

②放牧加补饲育肥　草场质量较好地区，采取放牧为主，补饲为辅，降低饲养成本，充分利用草场。配方 a：玉米粉 26%、麦麸 7%、棉籽饼 7%、酒糟 48%、草粉 10%、食盐 1%、尿素 0.6%、添加剂 0.4%。混合均匀后，羊每天傍晚补饲 300 g 左右。配方 b：玉米 70%、豆饼 28%、食盐 2%。饲喂时加草粉 15%，混匀拌湿饲喂。

（3）设计育肥方案

为了加快生长速度和增重效果，肥羔生产应采取舍饲，饲养时间为 50～60 d。现列举一具体方案供参考。

①第一阶段适应过渡期（第 1～15 天）1～3 d 仅喂青干草，每天喂 2 kg/只，自由饮水，让羔羊适应新环境；第 3～7 天，从第 3 天开始由青干草逐步向精料过渡，日粮配方：玉米 25%、干草 65%、糖蜜 5%、豆饼 5%、食盐 1%、抗生素 50 mg，精粗料比 36：64；第 7～15 天，日粮配方参考：玉米 30%、豆饼 5%、干草 62%、食盐

1%、羊用添加剂 1%、骨粉 1%。

②第二阶段强化育肥期(第 15～50 天)增加蛋白质饲料的比例,注重饲料的营养平衡与质量。首先经过 2～5 d 的日粮过渡期,日粮配方:玉米 65%、麸皮 13%、豆饼(粕)10%、优质花生苗 10%、食盐 1%、羊用添加剂 1%。混合精料每天喂量为 0.2 kg/只,每天饲喂 2 次。混合粗料每天喂量 1.5 kg/只,每天饲喂 2 次,自由饮水。

③第三阶段育肥后期(第 50～60 天)加大饲料喂量的同时,增加饲料的能量,适当减少蛋白质的比例,以增加羊肉的肥度,提高羊肉品质。日粮配方参考:玉米 91%、麸皮 5%、骨粉 2%,食盐 1%、羊用添加剂 1%。混合精料日喂量 0.25 kg/只,每天 2 次。混合粗料日喂量 1.5 kg/只,每天 2 次,自由饮水。

育肥过程中,要求羊舍地势干燥,向阳避风,建成塑料大棚暖圈,高度 1.5 m 左右,每只羊占地面积 0.8～1.2 m²。保持圈舍冬暖夏凉,通风流畅。勤扫羊舍。育肥前要对圈舍、墙壁、地面及舍外环境等严格消毒。羊舍在进羊前用 10% 的漂白粉溶液消毒一次,稀释液按 1 000 mL/m² 冲洗羊舍。大小羊要分圈饲养,易于管理。定期给羊注射炭疽、羊快疫、羊痘、羊肠毒血症四联疫苗免疫。经常刷拭羊体,保持皮肤洁净。随时观察羊体健康状况,发现异常及时隔离诊断治疗。

4.断奶羔羊如何育肥?

羔羊 3～4 月龄断奶后,除部分羔羊选留到后备羊群外,其余羔羊均采取育肥处理,通过短期强度育肥,达到出栏上市体重。

(1)准备工作

①育肥羔羊的准备　如果是购买羊只,年龄选择断奶后 4～5 月龄前的优良肉用羊和本地羊杂交改良的羔羊,膘情中等,体格稍大,体重一般 15～16 kg。健康无病,被毛光顺,上下颌吻合好。健康羊只的标志为活动自由,有警觉感,趋槽摇尾,眼角干燥。

如果是自繁自养的羔羊应做好羔羊哺乳期的饲养管理。从1月龄羔羊开始利用精料、青干草、豆科牧草、优质青贮料、胡萝卜及矿物质等，补饲量应逐步加大，投放饲料量以一次饲料，羔羊能在 20～30 min 内吃完为宜。培育出生长发育正常、体格健壮的羔羊。

②羊舍的准备　进羊前首先对羊舍进行彻底清扫，再用消毒液消毒。常用的消毒药有 10%～20%石灰乳、10%漂白粉溶液、2%～4%氢氧化钠溶液、5%来苏水或 4%的福尔马林等。用量为每平方米羊舍 1 L 药液。消毒方法采用喷雾消毒，顺序依次为地面、墙壁、天花板。消毒后应开启门窗通风，用清水刷洗饲槽、用具。

③草料的准备　按羔羊育肥生产方案，储备充足的草料，满足育肥需求；避免由于草料准备不足，常更换育肥草料，引起消化代谢障碍，从而影响育肥效果。羔羊（14～50 kg 体重）育肥期间每日每只需要饲料量可参考如下：干草 0.5～1.0 kg、玉米青贮饲料 1.8～2.7 kg、精料补充料 0.45～0.7 kg。

（2）育肥技术

①预饲期　羔羊进入育肥舍后，不论采用强度育肥，还是一般育肥，都要经过预饲期。预饲期一般为 15 d，可分为两个阶段：第一阶段为育肥开始的 1～3 d，只喂干草和保证充足饮水；第二阶段（3～15 d）逐渐增加精料量，第 15 天进入正式育肥期。

新购羊只处理：购来的羔羊到达当天，不宜喂饲精料，只饮水和给以少量干草，在遮阴处休息，避免惊扰。干草以青干草为宜，不用铡短；3～15 d 逐步添加精料补充料，干草逐渐变换成育肥期粗饲料，饲喂方法：每日按日粮精粗用量搅拌混合成全混合日粮，日喂两次，自由饮水。精料补充料可用育肥前期料。

合理分群：安静休息 8～12 h 后，逐只称重记录。按羊只体格、体重和瘦弱等相近原则进行分群和分组，每组 15～20 只。要勤检查，勤观察，一天巡视 2～3 次，挑出伤、病羊，检查有无肺炎和消化道疾病,改进环境卫生。

接种疫苗和驱虫:羔羊预饲期内要进行驱虫和接种疫苗,防止寄生虫病和传染病的发生。驱虫药可选择使用一种,抗蠕敏(丙硫咪唑),每千克体重 15～20 mg,灌服。虫克星(阿维菌素),每千克体重 0.2～0.3 mg(有效含量),皮下注射或口服。依据疫苗接种程序,进行皮下或肌肉注射。

保持圈舍卫生:羊舍每天要打扫,地面要干燥,通风良好。

保证饲料品质:不喂湿、霉、变质饲料,给饲后应注意肉羊采食情况,投给量不宜有较多剩余,以吃完不剩为最理想,说明日粮中营养物质和饲料干物质计算量与实际进食量相符。必要时,可以重新计算日粮配制用量,核查有无计算错误或日粮投给量不足。

注意饮水卫生:夏防晒,冬防冻,羊粪尿污染的饮水,常是体内寄生虫扩散的途径。羔羊育肥圈内必须保证有足够的清洁饮水,多饮水,有助于减少消化道疾病、肠毒血症和尿结石的出现率,同时也有较高的增重速度。据估计,气温在 15℃时,育肥羊饮水量在 1 kg 左右,15～20℃时,饮水量 1.2 kg,20℃以上时,饮水量接近 1.5 kg。冬季不宜饮用雪水或冰水。

饲料变化要逐渐过渡:育肥期间应避免过快地变换饲料种类和日粮类型,绝不可在 1～2 d 内改喂新换饲料。精饲料的变换,应以新旧搭配,逐渐加大新饲料比例,3～5 d 内全部换完。粗饲料换精饲料,换替的速度还要慢一些,14 d 换完。

羊的剪毛:如果天气条件允许时,可以在育肥开始前剪毛,剪毛对育肥增重有利,同时也可以减少蚊蝇骚扰和羊群在天热时扎堆造成中暑。

②正式育肥期 羔羊育肥期一般为 60 d 左右,正式育肥期分育肥前期和育肥后期,根据育肥计划和当地条件选择日粮类型,并在管理上区别对待。无论是哪个阶段都应注意观察羊群的健康状态和增重效果,随时调整育肥方案和技术措施。

日粮配制技术:任何一种谷物类饲料都可用来育肥羔羊,但效果最好的是玉米等高能量饲料。实践证明,颗粒料比破碎谷物饲料育肥效果好,配合饲料比单独饲喂某一种谷物饲料育肥效果好,主要表现在饲料转化率高和肠胃病少。

育肥期精料配方:第一,首先要考虑羔羊营养需要。第二,根据羊的消化生理特点,选择适宜的饲料,饲料原料应以当地资源为主,充分利用工农业副产品,以降低饲料成本。第三,正确确定精粗比例和饲料用量范围。整个育肥期精料用量可以占到日粮的45%～65%,具体要根据育肥计划而定。育肥前期精料少些,精补料中增加蛋白质饲料的比例,注重饲料中营养的平衡和质量。育肥后期,在加大补饲量的同时,增加饲料中的能量,适当减少蛋白质的比例,以增加羊肉的肥度,提高羊肉的品质。在肉羊日粮中除满足能量和蛋白质需要外,还应保证供给15%～20%的粗纤维,这对肉羊的健康是必要的。第四,饲料种类保持相对稳定。如果日粮突然发生变化,瘤胃微生物不适应,会影响消化功能,严重者会导致消化道疾病。如需改变饲料种类,应逐渐改变,使瘤胃微生物有一个适应过程,过渡期一般7～10 d。其典型的日粮配方为:

优质干草型:育肥前期,玉米60%、麸皮12%、饼粕类饲料24%(豆粕4%、棉粕10%、菜粕5%、花生粕5%)、磷酸氢钙0.5%、石粉1%、食盐1%、小苏打0.5%、添加剂预混料1%。

育肥后期:玉米69%、麸皮6.5%、饼粕类饲料20%(豆粕3%、棉粕8%、菜粕5%、花生粕4%)、磷酸氢钙0.5%、石粉1%、食盐1%、小苏打1%、添加剂预混料1%。

玉米青贮型:育肥前期,玉米60%、麸皮10.5%、饼粕类饲料25%(豆粕5%、棉粕10%、菜粕5%、花生粕5%)、磷酸氢钙0.5%、石粉1%、食盐1%、小苏打1%、添加剂预混料1%。

育肥后期:玉米69.5%、麸皮3%、饼粕类饲料23%(豆粕2%、棉粕10%、菜粕6%、花生粕5%)、磷酸氢钙0.5%、石粉1%、食盐1%、小苏打1%、添加剂预混料1%。

干玉米秸秆型:育肥前期:玉米60%、麸皮9%、饼粕类饲料

27%(豆粕 6%、棉粕 10%、菜粕 5%、花生粕 6%)、磷酸氢钙 0.5%、石粉 1%、食盐 1%、小苏打 0.5%、添加剂预混料 1%。

育肥后期：玉米 69%、麸皮 2.5%、饼粕类饲料 24%(豆粕 3%、棉粕 10%、菜粕 6%、花生粕 5%)、磷酸氢钙 0.5%、石粉 1%、食盐 1%、小苏打 1%、添加剂预混料 1%。

5.成年羊如何育肥？

成年羊育肥时应按照品种、活重和预期增重等主要指标确定育肥方案和日量标准。育肥方式可根据羊的来源和牧草生长季节来选择。

(1)选羊与分群

要选择膘情中等、身体健康、牙齿好的羊只育肥，淘汰膘情很好和极差的羊。挑选出来的羊应按体重大小和体质状况分群，一般把相近情况的羊放在同一群育肥，避免因强弱争食造成较大的个体差异。

(2)准备工作

育肥前，应对羊只进行全面健康检查，凡病羊均应治愈后育肥。过老、采食困难的羊只不宜育肥，淘汰公羊应在育肥前 10 d 左右去势。育肥羊在进入育肥前应注射肠毒血症三联苗，并进行驱虫，同时在圈内设置足够的水槽和料槽，并进行环境(羊舍及运动场)清洁与消毒。

(3)育肥技术

①育肥时间　成年羊的整个育肥期可分为预饲期(15 d)、正式育肥期(30～50 d)和出栏期 3 个阶段。第一阶段预饲期，主要任务是让羊只适应新的环境和适应饲料、饲养方式的转变，并完成健康检查、注射疫苗、驱虫、分群、灭癣等生产操作，预饲期以粗饲料为主，适当搭配精饲料，并逐渐将精饲料的比例提高到 40%～50%；第二阶段正式育肥期，精料的比例可提高到 60%。其中玉米、大麦等籽实类能量饲料占 80%左右；第三阶段出栏期，当育

肥羊的育肥期达到 50 d 时必须出栏,此时成年羊的生长发育已经基本停止,羊的生长发育速度和饲料利用率较低,若延长育肥时间则经济效益较低。

②育肥方式

a. 放牧——补饲型:夏季,成年羊的育肥以放牧为主,其日采食青绿饲料可达 5～6 kg,精料 0.4～0.5 kg,育肥平均日增重为 140 g 左右。秋季,主要选择老龄羊或淘汰羊进行育肥,育肥期一般为 80～100 d,首先利用农田茬地或秋季牧场放牧,待膘情好转后,直接转入育肥舍进行短期强度育肥。此种育肥典型的日粮组成如下:

配方一:禾本科干草 0.5 kg、青贮玉米草 4.0 kg,碎谷粒 0.5 kg。此配方日粮中的干物质为 40.60%、代谢能 17.974 MJ、粗蛋白质 4.12%、钙 0.24%、磷 0.11%。

配方二:禾本科干草 0.5 kg、青贮玉米草 3.0 kg,碎谷粒 0.4 kg,多汁饲料 0.8 kg。此配方日粮中的干物质为 40.64%、代谢能 15.884 4 MJ、粗蛋白质 3.83%、钙 0.22%、磷 0.10%。

b. 颗粒饲料型:此法适用于有饲料加工条件的地区和饲养的肉用成年羊或羯羊。典型的日粮组成如下:

配方一:禾本科草粉 30.0%、秸秆 44.5%、精料 25.0%、磷酸氢钙 0.5%。此配方每千克饲料中干物质含量为 86%、代谢能 7.106 MJ、粗蛋白质 7.4%、钙 0.49%、磷 0.25%。

配方二:秸秆 44.5%、草粉 35.0%、精料 20.0%、磷酸氢钙 0.5%。此配方每千克饲料中干物质含量为 86%、代谢能 6.897 MJ、粗蛋白质 7.2%、钙 0.48%、磷 0.24%。

(4)饲养管理要点

①选择理想的日粮配方　选好日粮配方后,应严格按比例称量配制日粮。为提高育肥效益,应充分利用天然牧草、秸秆、树叶、农副产品等,应多喂青贮饲料和各种藤蔓等,同时适当加喂大麦、米糠、菜籽饼等精饲料。

②合理安排饲喂制度 成年羊的日喂量依配方不同有一定的差异,一般要求每天饲喂两次,日喂量以饲槽内基本无剩余饲料为标准。

③合理使用添加剂 肉羊育肥中,饲喂一定量的饲料添加剂可以改善羊的代谢机能,提高羊的采食能力、饲料利用率和生产效益。

瘤胃素:又称莫能菌素、莫能菌素钠。瘤胃素作为一种离子载体,主要作用是控制和提高瘤胃发酵效率,提高饲料的利用效率,既能减少瘤胃蛋白质的降解,使过瘤胃蛋白质的数量得到增加,又可提高到达胃的氨基酸数量,减少细菌进入胃内,同时还可影响碳水化合物的代谢,抑制瘤胃内乙酸的产量,提高丙酸的比例,保证给羊提供更多的有效能。试验表明,舍饲条件下绵羊饲喂瘤胃素,饲料利用率可提高27%。

非蛋白氮添加剂:最常用的是尿素,使用时,其添加量为日粮干物质的1%或混合料的2%。饲喂时,要让羊只有一个适应的过程,一般10 d左右达到规定的剂量,必须与其他饲料充分混合均匀,切忌一次性投喂,以免尿素水解速度过快而导致中毒。

(六)肉羊屠宰与酮体分级

1.肉羊怎样屠宰?

羊在屠宰前应停止喂食。一般停食16～24 h,断食期间要给以充足的清洁水,宰前2～4 h停止,其屠宰加工工艺流程(图3-3)。屠宰前要进行严格的兽医卫生检验,其内容包括观察口、鼻、眼有无过多分泌物,观看可视动膜、精神状态、被毛、呼吸及走步姿态;听羊的叫声;触摸羊体各部位,判断体温高低,摸体表淋巴结大小。同群羊应隔离观察3 d后,确认无病者方可屠宰。病羊大多食欲减退或废绝,粪便干燥或稀薄,被毛蓬乱,呼吸困难,鼻孔分泌物过多,体温升高、运动迟缓,四肢无力。对注射炭疽疫苗 14 d 以内的羊不得屠宰。

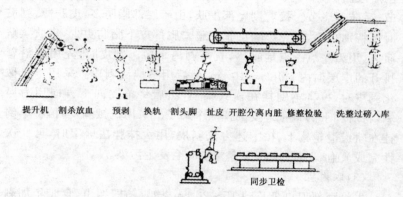

提升机　割杀放血　预剥　换轨　割头脚　扯皮 开腔分离内脏 修整检验　洗整过磅入库

同步卫检

图 3-3　羊屠宰加工工艺流程图

(1)放血

①大抹脖　此法除机械化、半机械化屠宰场外,我国广大农村牧区宰杀绵、山羊,多采用"大抹脖"方法。简便易行,但影响皮形完整,因血液容易污染皮毛,有时胃内容物倒出使得皮张污浊。具体方法从羊颈切断血管、气管和食管。将羊头稍向下倾斜,使血液充分流净。

②胸腔放血　先将羊的前两肢和一后肢捆住,人腿压住羊的另一后肢,用尖刀从羊第 3、4 肋骨的腹中线处划开一刀口。将手伸入胸腔,用手指折断背动脉,血液流至胸腔。

③纵向放血　为了避免血液污染皮毛,在羊的颈部切开皮肤,切口长 8~12 cm,然后用刀伸入切口内向右捅,挑断血管、气管,但不得切断食管,让血液流入容器内。

放血时要将羊固定好,头稍下倾斜,防止血液污染皮毛,当血流干净后立即进行剥皮。

(2)剥皮

将羊四肢朝上仰置于剥皮架上,用尖刀沿腹中线挑开皮层,向前沿前胸部中线挑至嘴角,向后经过肛门挑至尾尖,再从两前肢和两后肢同侧,垂直于腹中线向前后肢各挑开两条横线,前肢到腕节,后肢至飞节。接着剥尾部皮肤,由于层部脂肪多,皮肤薄,剥皮时要特别小心,以免影响皮张完整。胸部皮下脂肪更少,皮肤紧贴肌肉,用刀一点一点地剥离,直至剥离干净。剥皮时,先用刀沿着挑开的皮层向内剥开 5～10 cm,然后用拳揣法剥皮。采用半机械化剥皮时,可将羊倒挂在横式架上,然后将羊皮向下方向用力撕剥,将所剥下的整张羊皮割掉四个蹄子。采用机械剥皮时,将羊倒挂在轨道滑轮钩上,按上述方法剥皮,用大抹脖法屠宰时,可一次性完成放血、剥皮过程,但容易使皮毛发生污染。

(3)取内脏

先将腹部刀口延长到 15～20 cm,瘤胃随即拥出,食管稍加剥离,打一结扣,从胸腔用力取出。然后取出胃、肠、食管、脂肪等,再划开横膈肌。取出心脏、肝脏、肺脏、气管,一般将肾脏带在胴体上,不进行剥离。摘取内脏往往直接用手取下,必要时用刀,下刀轻巧,不能划破胃、肠、胆囊等,以免污染肉体。最后用刀剥去阴茎、睾丸、乳房等。

(4)冲洗

为保持胴体表面的整洁,用自来水将胴体的残留污物和血液等冲洗干净,并对胴体稍加修整,整齐地挂在横架上,以待备用。

2. 鲜羊肉和内脏怎样检验?

对于屠宰加工后的新鲜羊肉和内脏,必须按照《肉品卫生检验试行规程》进行检验。其方法有感官检验和仪器检验。

(1)感官检查

①视检　主要是用眼观察肉体和内脏的表面颜色、大小、形状等有无异常变化,然后刻切肉体和内脏深部,进一步观察。

②触检　主要是用手直接触摸有关部位的硬度如何,弹性大小。例如检查肺部时,外部并无变化,只有用手触摸,才能发觉肺

内有无节结或其他病灶。

③嗅检　主要用鼻子闻气味是否正常,有无腐败发臭和患有尿毒症病畜的尿味,以及有无生前用过某些药物治疗后的药物气味。

(2)肉体检验

剥皮后及时对肉体进行检验,首先,观察肌肉、脂肪、腹膜、皮肤等有无出血点,凡患有急性传染病的羊,肌肉和脂肪常有放血不全或颜色不正常的现象。其次,淋巴结的检查,腹股沟深淋巴结、腹前淋巴结、胞淋巴结等。检查时应纵方向切割,以多切口为好,以便仔细检查、应剖切腰肌、臀肌、肩肿肌以及肋骨肌、腹膜肌等部位,以检查有无囊虫寄生。

(3)内脏检验

开膛后取出心脏、肝脏、肺脏、脾脏、肠胃、膀胱、子宫等脏器,观察外形、弹性、色泽,是否有充血、出血、溃疡、化脓等现象,凡内脏器官有病变者不得食用。

根据检验结果,由屠宰加工厂按照统一规定,在肉体上加盖"兽医验讫"或"合格验讫",可供鲜销;不合格者,则分别盖印"高温""胞""冻""酸""炼油""销毁"等印证,禁止鲜销。凡在检验时修割的废弃物,不可乱扔,要集中起来按规定处理。

2.羊肉胴体如何分割?

(1)正确评价胴体品质

肉羊的品种、年龄、性别、营养水平和屠宰季节等对胴体的品质产生不同程度的影响。对胴体的品质要求,因人们的习惯和爱好不同而有差异,一般可包括以下几方面。

①肌肉丰满　柔嫩胴体中肌肉比例高,骨的比例低,脂肪适中,以当年羔羊的肥羔肉最好。

②肉块紧凑、美观　消费者需要小而紧凑、重量不大的肉块,切割容易,适合多种菜谱的配制。骨骼短而细,肌肉丰满,烹调时

可以切成鲜嫩的肉片。若果骨骼长而粗、肌肉薄而脂肪少,则烹饪后显得干枯。

③脂肪匀称适中　皮下脂肪和肌肉间脂肪的比例要适中。皮下脂肪均匀地分布在胴体的整个表面。因为羊在不同年龄时脂肪的沉积速度不同,一般按下列沉积脂肪:花油→板油→肌间脂肪→皮下脂肪。上等品质肥羔的胴体上,必须覆盖有一层薄薄的皮下脂肪。按此规律,可在宰前一个时期给予高营养水平饲养,以获得满意的皮下脂肪。脂肪的含量应该中等,防止肉在贮藏、运输和烹调时过于干燥。

④肉细、色鲜、可口　肌肉要细嫩,肌肉和脂肪所含水分要少,肌间脂肪含量宜高,即大理石状脂肪,大理石状脂肪能使肉嫩味美,尤其对老龄绵羊来说更需要有这种脂肪。肉色以浅红色至鲜红色为佳,脂肪应坚实、白色,不要黄色脂肪。脂肪组织中不饱和脂肪酸含量要低,这种脂肪酸能使脂肪变软,容易被氧化酸败,这种羊肉不能长期保存。羔羊在出生时肌肉细嫩,但缺乏香味,随着年龄增长,肉质逐步变得粗壮,香味增加。在肌肉尚未十分坚韧和气味不很重之前屠宰最为合适。

(2)熟悉绵羊肉的分级标准

绵羊肉可分为大羊肉和羔羊肉,大羊肉是指周岁以上的羊屠宰后的产品,羔羊肉指不满 1 岁的羊屠宰后的产品,4～6 月龄的羔羊屠宰后的肉称为肥羔肉。

根据胴体品质,我国把绵羊胴体分为四级。

一级:肌肉发育最佳,骨不外露,全身充满脂肪,在肩胛骨上附有柔软的脂肪层。

二级:肌肉发育良好突起,脊椎上附有肌肉。

三级:肌肉不发达,脂肪层,臀部,骨盆部有瘦肉。

四级:肌肉不发达,骨能明显外露,体腔上部有脂肪层。

（3）熟悉山羊肉胴体分级标准

按肌肉发育程度和肥度，可分为三级。

一级：肌肉发育良好，仅肩胛部和脊椎骨上部稍外露，其他部位骨骼不外露，皮下脂肪布满全身，肩颈部脂肪层分布稀薄。

二级：肌肉发育中等，肩胛部和脊椎骨上部稍外露，肩部脂肪层薄，腰部、肋部稍有脂肪沉积。

三级：肌肉发育差，肩胛骨和脊椎骨明显外露，体表脂肪层稀薄且分布不均。

（4）选择适宜的胴体分割法

根据羊胴体各部位肌肉组织结构特点，结合不同消费者的需求，可将羊的胴体进行分割，便于运输和保管。

①常见分割法　这种分割法把胴体分为 7 块（图 3-4）。

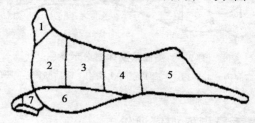

图 3-4　胴体剖分图
1.颈肉　2.肩胛肉　3.肋肉　4.腰肉　5.后腿肉　6.胸下肉　7.前腿肉

颈肉：从肩胛骨前缘至头颈结合处的部分。

肩胛肉：从肩胛骨前缘至第 4 肋骨去掉颈肉和胸下肉。

肋肉：从最后一对肋骨间至第 4 与第 3 对肋骨间横切，去掉胸下肉。

腰肉：从最后腰椎处至最后一对肋骨间横切、去掉胸下肉。

后腿肉：从最后腰椎处横切下的后腿部分。

胸下肉：从肩端到胸骨，以及腹下肋骨部分，包括前腿腕颈肉

（从最后颈椎与第 1 胸椎间切开的整个颈部）。

前腿肉：前腿腕骨以下部分。

不同的分割肉其价格、食用价值和食用方法区别很大。一般后腿肉和腰肉最好，而且约占胴体的 50％ 以上。按商品肉分级，后腿肉、腰肉、肋肉和肩胛肉属于一等肉，颈部、胸部和腹肉属于二等肉。

②美国的羔羊胴体分割法　通常把羊胴体分割成后腿肉、上腰肉、腰肉、肋肉、肩胛肉、胫肉、颈肉、胸肉共 8 块（图 3-5）。

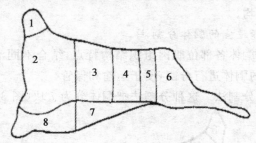

图 3-5　美国羊胴体剖分示意图

1.颈肉　2.肩胛肉　3.肋肉　4.腰肉　5.上腰肉　6.后腿肉　7.胸肉　8.胫肉

4.羊肉质量指标如何评价？

（1）羊肉的质量评价指标（表 3-10 至表 3-12）。

表 3-10　羊肉感官指标

项目	指标
色泽	肌肉呈红色，有光泽，脂肪呈白色或淡黄色
黏度	肌纤维致密，有韧性，富有弹性
气味	外表微干或有风干膜，切面湿润，不黏手
煮沸后肉汤	具有羊肉固有的气味，无异味，澄清透明，脂肪团聚于表面
肉眼可见异物	不应检出

表 3-11　羊肉理化指标

项目	指标	项目	指标
每100 g含挥发性盐基氮/mg	≤15	滴滴涕	≤0.20
汞	≤0.05	六六六	≤0.10
铅	≤0.10	金霉素	≤0.10
砷	≤0.50	土霉素	≤0.10
铬	≤1.0	四环素	≤0.10
镉	≤0.20	磺胺类(以磺胺类总计量)	≤0.10

表 3-12　羊肉微生物指标

项目	指标	项目	指标
菌落总数/(cfu/g)	≤5×10^5	志贺氏菌	不应检出
每100 g含大肠菌群/PN	≤1×10^5	金黄色葡萄球菌	不应检出
沙门氏菌	不应检出	溶血性链球菌	不应检出

(2)感官检验

①色泽与黏度　将羊肉样品置于干净的白色瓷盘中,在自然光线下肉眼观察。注意肉的外部状态、色泽、有无干膜或脏污物,肉表面和深层组织的状态以及发黏的程度,肉表面的清洁度。正常羊肉外表具有干膜、肌肉和脂肪,有其固有的色泽,表面湿润,切面有少量渗出液、不发黏。腐败变质的羊肉颜色变暗,呈褐红色、灰色或淡绿色,表面干膜变干或发黏,有时被覆有霉层,切面发黏,肉色呈灰色或绿色。

②组织状态与弹性　用手指按压羊肉表面,观察指压陷的恢复速度和状态。新鲜羊肉富有弹性,结实紧密,手指按压羊肉表面,松手后指压陷很快恢复。变质羊肉弹性差甚至无弹性,指压陷时不能恢复。

③气味　在室温条件(13～25℃)下用鼻子嗅闻羊肉的气味。首先,嗅闻外部气味;其次,用刀切开立即嗅闻深层的气味,注意检

查骨骼周围组织的气味。新鲜羊肉具有其固有的气味,无异味。腐败变质的羊肉有不同程度的酸臭味、霉味或其他异味。

④煮沸后的肉汤　称取 20 g 切碎的肉样,置于 200 mL 烧杯中,加水 100 mL,用表面皿盖上,加热至 50～60℃,开盖检查气味。继续加热煮沸 20～30 min 后,迅速检查肉汤的气味、滋味、透明度及表面浮游脂肪的状态、多少、气味和滋味。新鲜羊肉的肉汤透明并具有芳香味,肉汤表面浮有大片的油滴,脂肪气味正常。变质羊肉的肉汤混浊、有絮片,具腐臭气味,肉汤表面几乎不浮油滴,具酸败脂肪气味。

(3)理化检验

理化检验内容包括挥发性氨基氮的测定,重金属、农药和兽药残留检测。当怀疑羊肉理化指标超标时,应及时取样,由具有相应的专业技术和资格条件的专职人员按国家有关规定组织实施。

四、疾病防治

（一）消毒与驱虫

1.如何正确选用消毒剂？

羊场的消毒制度应结合本场的实际情况制定，要定期对羊舍、用具、地面、粪便、污水和皮毛等进行消毒。通常根据消毒目的和对象、消毒剂的作用机理与适用范围，选择最适宜的消毒剂（表4-1）。

表 4-1　不同消毒对象的消毒剂选择

（郭志明，2014，养羊生产技术）

消毒对象		消毒剂名称
皮肤、黏膜	皮肤	苯扎溴铵、氯己定、乙醇、碘酊
	黏膜	过氧化氢溶液、硼酸、高锰酸钾
环境、用具	羊舍、兽医室、接种室的空气	甲醛＋高锰酸钾、过氧乙酸
	圈舍地面	石灰乳或生石灰、漂白粉、草木灰、氢氧化钠
	运动场地	漂白粉、石灰乳
	带羊环境	苯扎溴铵、过氧乙酸、漂白粉
	消毒池	氢氧化钠、甲酚皂溶液
	兽医器械	苯扎溴铵、甲酚皂溶液、氯己定
	饲养设备和用具	漂白粉、过氧乙酸、氢氧化钠
	动物及其产品运载工具	氢氧化钠、漂白粉、甲醛
	皮张、毛	盐酸、氢氧化钠、过氧乙酸
	粪便	漂白粉、生石灰、草木灰

2.怎样对人员、车辆、羊舍及场区等进行消毒?

(1)做好进场人员和车辆的消毒工作

①人员消毒　羊场生产区入口处设置更衣室与消毒室,更衣室内配备消毒设施,消毒室内设置消毒池、消毒垫、消毒雾化器和紫外线消毒灯(图4-1至图4-4)。出入生产区的工作人员必须进行洗澡、消毒、入场时更换工作服。此外,每栋羊舍门口应设消毒池,并安装消毒桶,工作人员进入或离开每一栋羊舍都要清洗双手、踩踏消毒池消毒鞋靴。人员行走的通道上设置消毒槽,槽内铺设消毒垫,消毒垫以2%～4%氢氧化钠溶液或3%～5%甲酚皂溶液浸泡。当进入隔离舍和检疫室时,还需换上另外一套工作服和胶靴。

图4-1　背负式电动喷雾器

图4-2　喷雾消毒车

图4-3　洗手消毒池

图4-4　喷雾消毒室

②车辆消毒 羊场大门入口处供车辆通行的道路上应设置消毒池(图 4-5),其宽度与大门相同,长度为车辆车轮周长的 1.5～2.5 倍,深 10～15 cm。消毒池内放置浸有 4% 氢氧化钠溶液的消毒垫或铺设一层厚度为 1 cm 左右的生石灰,对过往车辆进行消毒,每周更换药液或生石灰 1 次。

图 4-5 车辆消毒池

(2)场区及羊舍消毒

①场区要保持整齐、干净卫生,通常每 15 d 消毒 1 次。

②羊舍每天进行清扫,保持整齐、卫生。做到无污水、无污物、臭气少。每周消毒 1～2 次,羊舍每年要求有 2～3 次空舍消毒。其消毒程序为:彻底清扫→冲洗→3% 氢氧化钠溶液喷洒→次日冲洗→甲醛熏蒸消毒(福尔马林 30 mL/m³ 高锰酸钾 15 g/m³ 混合),并空舍 5～7 d。

③每栋羊舍内的生产工具、用具不能交叉使用,并保持卫生干净。饮水槽和食槽要每两周用 0.1% 的高锰酸钾溶液清洗消毒。

④羊场使用的医疗器械、哺喂器械、采精器械、输精器械等,必须在每次使用之前进行清洁消毒,用后立即清洗,并用 1%～2% 漂白粉溶液或 0.1% 高锰酸钾溶液浸泡、刷洗和消毒。对于接触过病羊排泄物、血液、尸体、脏器等的器械,应进行彻底清洗和消毒处理。

⑤每栋羊舍的饲养人员应相对固定,饲养员之间不得相互串舍。

3.如何正确选用驱虫药?

为了预防和控制寄生虫病,每年要进行 2～3 次定期驱虫,一般在每年的 3～4 月份和 9～10 月份各驱虫 1 次,依据具体情况,在 6～7 月份可增加 1 次驱虫。常用的驱虫药物很多,如左旋咪唑、敌百虫、吡喹酮、阿苯达唑、伊维菌素、阿维菌素等。驱虫时要根据具体情况有针对性地选择药物,一般多在清晨空腹投药。大群羊只的体外寄生虫还可以通过药浴的方法驱除,常用药物有二嗪农(螨净)、双甲脒、溴氰菊酯、巴胺磷等。

4.如何对基础母羊和种公羊进行驱虫?

(1)基础母羊的驱虫

基础母羊在配种前 25 d 进行首次驱虫,间隔 7 d 再进行第二次驱虫。但经过妊娠诊断确认怀孕的母羊暂不驱虫,等到分娩产羔后进行驱虫。

(2)种公羊的驱虫

一般在每年的春季和秋季各驱虫 1 次,每次驱虫后间隔 10 d 再驱虫 1 次。

5.如何对羔羊和育成羊进行驱虫?

(1)羔羊的驱虫

由于羔羊正处于生长发育阶段,尤其体温调节机能不完善,一般在出生后 50～60 日龄第 1 次驱虫,90 日龄第 2 次驱虫,以后每间隔 3 个月驱虫 1 次。

(2)育成羊的驱虫

与种公羊的驱虫相同,一般每年驱虫 2 次(春、秋两季),每次驱虫后 10 d 补驱 1 次。

6. 怎样修建药浴池？

（1）大型药浴池

大型药浴池，可供大型羊场或养殖比较集中的乡村药浴用。药浴池可用水泥、实心砖、石块等材料砌成，呈长方形水沟状。药浴池一般长 10～12 m，深度为 1.0 m，上口宽 60～80 cm，下口宽 30～50 cm，（图4-6至图4-8）以一只羊能通过而不能转身为宜。药浴池的入口处为陡坡，以利于羊只迅速入池，出口端为台阶式缓坡，以便羊药浴后容易出池，并使羊体上余存的药液回流到药浴池。

（2）小型药浴槽、浴桶、浴缸

羊群数量小的情况下，一般用浴槽（图4-9）、浴桶、浴缸等进行药浴。小型浴槽液量为 1 400 L，可同时将 2 只成年羊或 3～4 只小羊一起药浴。

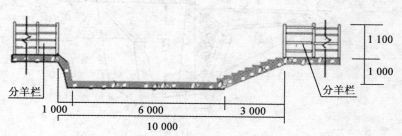

图 4-6 羊药浴池纵剖面图（单位：mm）

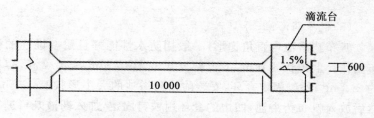

图 4-7 羊药浴池平面图（单位：mm）

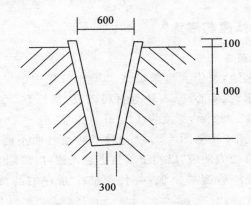

图 4-8　羊药浴池横剖面图（单位：mm）

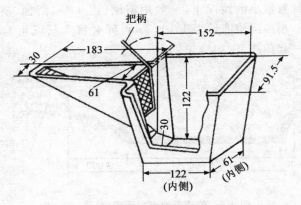

图 4-9　小型药浴槽示意图（单位：cm）

（3）帆布药浴池

帆布药浴池为直角梯形，一般用防水性能好且耐腐蚀性的帆布制作。上边长 3.0 m、下边长 2.0 m、深 1.1 m、宽 0.7 m，容积约 2.3 m³，外侧固定套环，安装前按药浴池的大小形状挖一土坑，然后放入帆布药浴池，四边的套环用铁钉固定，加入药液既可进行工作。用后洗净，晒干。

（4）淋浴式药浴池

淋浴式药浴池（图 4-10）为一个直径 8～10 m、高 1.5～1.7 m 的圆形淋场，由入口小、后端大的待浴羊圈、滤淋栏、进水池和过滤池等部分组成。羊群药浴时，把羊赶入待浴羊圈，关闭待浴羊圈入口，打开淋场门羊群进入淋场，关闭淋场入口，开动药浴装置即行药浴。机械化淋浴装置的主要特点是不用人工抓羊，节省劳力，降低劳动强度，提高工作效率，避免羊只伤亡。但其建筑费用高，适合于大型羊场或养羊非常集中的地区。

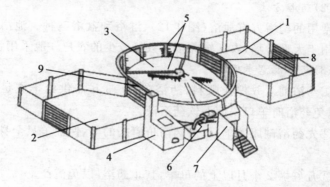

图 4-10　淋浴式药浴装置

1.药浴淋场出口　2.药浴淋场　3.喷头　4.待浴羊圈　5.药浴淋场入口
6.控制台　7.离心式水泵　8.炉灶及加热水箱　9.浴后羊圈

7.怎样组织羊的药浴工作？

为预防和驱除羊体外寄生虫，避免疥螨病的发生，每年应在剪毛后 10 d 左右进行药浴。

（1）常用的药液及剂量

药浴时选择合适的药品以及配制适宜的浓度等，对羊群药浴效果至关重要。在养羊生产实践中，常用的药液及其浓度（表 4-2，图 4-11）供广大养羊户参考。

表 4-2　羊药浴常用的药液及剂量

（郭志明，2014.养羊生产技术）

药液名称	使用剂量	药液名称	使用剂量
精制敌百虫	0.5%～1%	蝇毒灵	0.05%
辛硫磷	0.05%	氰戊菊酯	0.1%
消虫净	0.2%	速灭菊酯	80～200 mg/kg
蜱螨灵	0.04%	溴氰菊酯溶液	50～80 mg/kg

（2）药浴方法

常用的药浴方有池浴（图 4-12）、淋浴和盆浴三种。池浴和淋浴适用于大型羊场，农区饲养羊只数量较少的农户一般采用盆浴。

（3）药浴注意事项

①药浴前 8 h 停止喂料，药浴前 2～3 h 需供给羊充足的饮水，以免药浴时羊口渴而吞饮药浴液。

②先药浴健康的羊只，后药浴疥癣病的羊，保证羊只全身进行药浴。

③凡妊娠 2 个月以上的母羊，禁止药浴，以免流产。

④药浴应选择天气晴朗时进行，有牧羊犬时，也应与羊群同时药浴。

⑤工作人员要戴好橡皮手套和口罩，以防中毒。

图 4-11　配制药浴液

图 4-12　池浴

（二）认知免疫工作

1.如何正确选用疫苗？

疫苗是由免疫原性较好的病原微生物经繁殖和处理后制成的制品，接种于动物机体后，刺激机体产生特异性抗体。当体内的抗体滴度达到一定数值后，就可以抵抗这种病原微生物侵袭、感染，预防疾病发生。

疫苗可分为细菌性疫苗和病毒性疫苗两大类。由细菌、霉形体、螺旋体等制成的疫苗为细菌性疫苗，细菌性疫苗包括活菌疫苗和死菌疫苗两类。由病毒制成的疫苗称为病毒性疫苗，病毒性疫苗包括活病毒疫苗和死病毒疫苗两大类。

购买的疫苗应是国家指定的有生产批号的兽药生物制品生产单位生产的，经实践证明免疫性能较理想的疫苗。

2.怎样保存和运输疫苗？

购买后的疫苗应尽快使用或发放，活疫苗一般在－15℃条件下保存，灭活苗在2～8℃条件下保存。疫苗在运输过程中，应保持冷链运输系统的正常工作，疫苗要由冷库或温库进入冷藏车，或将疫苗装入备有冰块的保温箱内运输。

3.怎样规范使用疫苗？

①制定合理的免疫程序。
②应仔细检查疫苗瓶子是否有裂纹、瓶内是否有异物。
③检查瓶签所标明的生产日期和失效期。

④接种疫苗期间,最好不使用抗生素,因为抗生素对细菌性活疫苗具有抑杀作用,对病毒性疫苗也有一定程度的影响。

⑤疫苗稀释后应立即使用,并于 4 h 内用完。

⑥使用疫苗时,严禁用热水、温水,或含氯等消毒剂的水稀释。

⑦饮水免疫时,忌用金属容器。鸡群在饮水前要停水 4～6 h,时间长短可根据温度高低适当调整,要保证每只鸡都能充分饮水。

⑧注意疫苗的使用方式,如鸡痘、喉气管等需刺种或抹擦的不能肌注。

⑨注射接种时,要一畜(禽)一针头,避免交叉感染。

⑩使用后的注射器、疫苗瓶或剩余的疫苗,不要随意乱扔,需经高温处理后深埋。

4. 怎样制定免疫程序?

羊场应按照年免疫接种方案进行预防。羊群每年应免疫接种两次,分别在春季(3 月份)和秋季(9 月份)进行,具体免疫接种程序见表 4-3。并根据周边实际情况需要,加强对羊群口蹄疫、炭疽、大肠杆菌病、布鲁氏菌病、羊痘等传染性疾病的预防,羊常见传染病预防疫见表 4-4。接种疫苗前,应对接种的羊群进行健康状况、年龄、妊娠、泌乳以及饲养管理等进行全面的检查和掌握,成年母羊的免疫接种程序见表 4-5。羔羊的免疫接种程序见表 4-6。公羊可参照母羊免疫接种时间进行免疫。每次接种疫苗后应进行详细的记录,有条件的羊场还可进行定期抗体监测。

5. 如何做好羊群春、秋两季的免疫工作？

表 4-3　羊群春、秋两季的免疫程序

	免疫时间	免疫羊群	疫苗名称	预防疾病
春季	妊娠母羊产前1个月	妊娠羊	破伤风类毒素	破伤风
	2月下旬至3月上旬	成年羊	羊梭菌病三联苗或五联苗	羊快疫、羊肠毒血症、羊猝狙、羔羊痢疾（五联苗还可预防羊黑疫）
	羊妊娠前或妊娠后1个月	母羊	羊衣原体病灭活疫苗	羊衣原体病
	2～4月份	全部羊	山羊痘活疫苗	羊痘
	3月份	全部羊	羊口疮弱毒疫苗	羊口疮
	3～4月份	全部羊	羊链球菌病灭活疫苗	羊链球菌病
	3月上旬	全部羊（母羊产后1个月）	牛口蹄疫灭活疫苗	口蹄疫
秋季	羊妊娠前或妊娠后1个月	母羊	羊衣原体病灭活疫苗	羊衣原体病
	9月份	全部羊（母羊配种前）	牛口蹄疫灭活疫苗	口蹄疫
	9月下旬	全部羊	羊梭菌病三联苗或五联苗	羊快疫、羊肠毒血症、羊猝狙、羔羊痢疾（五联苗还可预防羊黑疫）
	9月份	全部羊	羊口疮弱毒疫苗	羊口疮
	9月份	全部羊	羊链球菌病灭活疫苗	羊链球菌病

6. 如何做好肉羊主要传染病的防疫工作?

表4-4　羊主要传染病常用疫苗

病名	疫苗名称	用途	用法与用量(每只)	免疫期(月)
口蹄疫	牛口蹄疫O型灭活苗	预防羊O型口蹄疫	肌内注射:1岁以上羊1 mL,1岁以内羊0.5 mL	6
	口蹄疫O型鼠化弱毒活苗	预防4月龄以上羊O型口蹄疫	皮下注射1 mL	6~8
	口蹄疫O型、亚洲Ⅰ型二价灭活疫苗	预防羊O型和亚洲Ⅰ型口蹄疫	后肢肌内注射:成年羊1 mL,羔羊0.5 mL	6
	牛口蹄疫O型、A型二价灭活苗	预防羊O型、A型口蹄疫	肌内注射:1岁以上羊1 mL,1岁以内羊0.5 mL	6
羊梭菌病	羊梭菌病多联灭活苗	预防羊快疫、羔羊痢疾、羊猝疽、羊肠毒血症和羊黑疫	皮下或肌内注射5 mL	6~12
	羊梭菌病多联干粉灭活疫苗	预防羊快疫、羔羊痢疾、羊猝疽、羊肠毒血症、羊黑疫、肉毒中毒症和破伤风	皮下或肌内注射1 mL	12
肉毒梭菌中毒症	肉毒梭菌中毒症C型灭活疫苗	预防绵羊的C型肉毒梭菌中毒	皮下注射:常规苗绵羊4 mL,透析苗绵羊1 mL	绵羊12
羊大肠杆菌病	羊大肠埃希氏菌病灭活疫苗	预防绵羊、山羊大肠杆菌病	皮下注射:3月龄以上羊2 mL,3月龄以下羊0.5~1 mL	5
	绵羊大肠埃希氏菌病活疫苗	预防绵羊大肠杆菌病	皮下注射1头份	6
羊痘	山羊痘活疫苗	预防山羊痘和绵羊痘	尾根内侧或股内侧皮内注射0.5 mL	12
	绵羊痘活疫苗	预防绵羊痘	用法和用量同山羊痘活疫苗	12

续表 4-4

病名	疫苗名称	用途	用法与用量（每只）	免疫期（月）
羊支原体肺炎性肺炎	羊支原体肺炎灭活疫苗	预防羊支原体性肺炎	颈部皮下注射：成年羊 5 mL，6 月龄以下羔羊 3 mL	18
炭疽	Ⅱ号炭疽芽孢苗	预防羊炭疽	皮下注射 1 mL，或皮内注射 0.2 mL	山羊 6 绵羊 12
	山羊炭疽疫苗	预防山羊炭疽	颈部皮下注射，6 月龄以上山羊 2 mL	6
羊链球菌病	羊链球菌病灭活疫苗	预防羊链球菌病	皮下注射 5 mL	6
	羊链球菌病活疫苗		尾根皮下注射，6 月龄以上 1 mL	12
布鲁氏菌病	布鲁氏菌病活疫苗（M5）	预防绵羊、山羊布鲁氏菌病	皮下注射 10 亿个活菌，滴鼻 10 亿个活菌，室内气雾 10 亿个活菌，室外气雾 50 亿个活菌，口服 250 亿个活菌	24
	布鲁氏菌病活疫苗（M2）		口服 100 亿个活菌，间隔一个月，再服用一次；皮下或肌内注射，山羊 25 亿个活菌，绵羊 50 亿个活菌	36
羊口疮	羊口疮弱毒疫苗	预防羊口疮	口腔黏膜内注射 0.2 mL	6
破伤风	破伤风类毒素	预防羊破伤风	皮下注射 0.5 mL	12
	破伤风抗毒素	预防和治疗羊破伤风	皮下、肌内或静脉注射，预防 1 200～3 000 U，治疗 5 000～20 000 U	2～3 周
狂犬病	狂犬病灭活疫苗	预防羊狂犬病	皮下或肌内注射 10～25 mL	6

续表 4-4

病名	疫苗名称	用途	用法与用量(每只)	免疫期(月)
伪狂犬病	伪狂犬病活疫苗	预防绵羊伪狂犬病	肌内注射,4 月龄以上绵羊 1 mL	12
	伪狂犬病灭活疫苗	预防山羊伪狂犬病	颈部皮下注射 5 mL	6
羊气冲疽	气冲疽灭活疫苗	预防羊气冲疽	皮下注射 1 mL	6
羊衣原体病	羊衣原体病灭活疫苗	预防羊衣原体病	皮下注射 3 mL	6

7. 如何对成年羊进行免疫接种?

表 4-5　成年母羊免疫程序

接种时间	疫苗	接种方法	免疫期
配种前 2 周	O 型口蹄疫灭活苗	肌肉注射	6 个月
	羊梭菌病三联四防灭活苗	皮下或肌肉注射	6 个月
配种前 1 周	羊链球菌灭活苗	皮下注射	6 个月
	II 号炭疽芽孢苗	皮下注射	山羊 6 个月,绵羊 12 个月
产后 1 个月	O 型口蹄疫灭活苗	肌肉注射	6 个月
	羊梭菌病三联四防灭活苗	皮下或肌肉注射	6 个月
	II 号炭疽芽孢菌	皮下注射	山羊 6 个月,绵羊 12 个月
产后 1.5 个月	羊链球菌灭活苗	皮下注射	6 个月
	山羊传染性脑膜肺炎灭活苗	皮下注射	1 年
	布鲁氏菌病灭活苗	肌肉注射或口服	3 年
	山羊痘灭活苗	尾根皮内注射	1 年

8.如何对羔羊进行免疫接种？

表 4-6　羔羊的免疫接种程序

接种时间	疫　苗	接种方式	免疫期
7 日龄	羊传染性脓疱皮炎灭活苗	口唇黏膜注射	1 年
15 日龄	山羊传染性胸膜肺炎灭活苗	皮下注射	1 年
2 月龄	山羊痘灭活苗	尾根皮内注射	1 年
2.5 月龄	O 型口蹄疫灭活苗	肌肉注射	6 个月
3 月龄	羊梭菌病三联四防灭活苗	皮下或肌肉注射（第一次）	6 个月
	气肿疽灭活苗	皮下注射（第一次）	7 个月
3.5 月龄	羊梭菌病三联四防灭活苗 Ⅱ号炭疽芽孢菌	皮下或肌肉注射（第二次）皮下注射	6 个月山羊 6 个月绵羊 12 个月
	气肿疽灭活苗	皮下注射（第二次）	7 个月
产羊前 6～8 周（母羊、未免疫）	羊梭菌病三联四防灭活苗 破伤风类毒素	皮下注射（第一次）肌肉或皮下注射（第一次）	6 个月 12 个月
产羔前 2～4 周（母羊）	羊梭菌病三联四防灭活苗 破伤风类毒素	皮下注射（第二次）皮下注射（第二次）	6 个月 12 个月
4 月龄	羊链球菌灭活苗	皮下注射	6 个月
5 月龄	布鲁氏菌病活苗（羊 2 号）	肌肉注射或口服	3 年
7 月龄	O 型口蹄疫灭活苗	肌肉注射	6 个月

（三）羊病诊断与防治

1.羊病发生的主要原因有哪些？

（1）饲养管理不当

它引起羊病发生的主要原因，正确、科学的饲养管理能使羊保持健康的体质和较强的免疫力,并能够通过自身的生理调节对各种疾病产生一定的抵抗力,即便受到疾病危害,合理的饲养管理也会使羊很快恢复健康。常见不合理的饲养管理有羊舍饲养密度过大,通风不良,温度过高或过低,湿度过大,饮水不足,饲喂不均匀等,都可导致羊发病。不清扫羊栏,粪便堆积,垫草污秽不洁,不仅为病原体提供了生活场所,也引起粪便发酵分解,产生大量氨气、二氧化碳和硫化氢等有害气体,羊舍中有害气体含量超标会导致呼吸系统疾病的发生,羊舍不卫生往往给各种寄生虫的滋生创造了条件,而使羊易得寄生虫病。另外,羊受到惊吓,追赶过急,突然更换饲料,长途运输等都可诱发羊群生病。

(2)营养不足

若不注意草料中蛋白质、维生素和微量元素等的供应,羊就会发生营养缺乏症。当草料中蛋白质过低,在放牧中不能让羊吃到好草或饥饱不均,饲料中缺乏矿物质都易导致发病。但某些营养过剩,微量元素过多,可引起中毒;饲喂发热、霉变、腐烂的饲料也可引发疾病。

(3)外界环境变化

气候突变、寒冷、酷热常是诱发疾病的应激性因素。如寒风侵袭常引起呼吸道疾病的发生,在冬春之交,羔羊常因气候突变而发生感冒、慢性呼吸道疾病。在潮湿环境中,蚊、蝇、虱等易滋生,常常是虫源性疫病和消化道疾病多发的原因。如环境温度过高易引起中暑,湿度过高易得皮肤病,温度过低容易感冒、患风湿病,地势低洼、潮湿易患腐蹄病。

(4)病原体感染

病原微生物和寄生虫的感染导致羊发生传染病和寄生虫病是养羊生产的最大威胁。如细菌、病毒、支原体、衣原体、螺旋体、真菌和各种寄生虫都能通过一定的途径侵入羊体,引起羊病的流行。病原体的致病力大小和感染的强度、机体的抗病能力,决定了病势的缓急和病情的转归。病原体毒力强、感染严重、机体抵抗力弱,则发病急、病程短、死亡快。引进羊种时,如果病羊带有病原,就会引起传染病的流行。常在野外放牧的羊,尤其在低洼潮湿的草地上放牧,接触寄生虫和虫卵的机会多,常发生寄生虫病。很多传染病和寄生虫病发病率和死亡率较高,给养羊业带来巨大损失,甚至是全群毁灭。有些传染病虽然不引起羊群的大批死亡,但是影响羊的生长发育。

2.如何通过观察精神状态来发现病羊?

在静止状态下,健康羊表现安静,眼睛有神,对外界反应灵敏。患病羊则精神委顿,不愿抬头,对外界反应迟钝。无病羊双耳经常竖立而灵活,病羊头低耳垂,耳不摇动。放牧时,健康羊跟群争食,采食速度较快,患病羊则常常离群落伍,甚至停食,呆立或卧地不起。休息时,健康羊时常分散卧在圈内,呈斜卧姿势,前后肢屈于腹下或左后肢向左侧伸出,头颈抬起,频频反刍。人走近时,起立远避。患病羊则常挤在一起,四肢屈于腹下,头颈向腹部弯曲,反刍减少或停止,人走近时不躲避。有时病羊不卧地休息而是四处奔走并在墙壁或圈门上乱蹭。在临床上,精神兴奋,情绪烦躁多属热性病表现;精神沉郁多属患病后期或慢性病、消耗性疾病的表现;精神萎靡、意识不清多属危症病例。

3.如何通过观察被毛与皮肤来发现病羊?

健康羊的皮毛光润有弹性,平整有光泽,眼结膜、口腔和鼻腔黏膜呈淡红色,鼻镜湿润发红。患病羊的皮毛粗糙、无光泽,容易脱落,眼结膜等可视黏膜发红、苍白,或呈黄色、赤红色,有时有溃烂、脓肿现象。有些病可致使羊皮肤出现疹块、溃烂、红肿等。羊出现皮毛粗糙或换毛迟缓可能患有慢性病或长期消化不良;脱毛结痂,皮肤增厚可能患疥癣或湿疹;皮肤出现痘疹,可能得了羊痘。在检查皮肤时,除了注意皮肤的外观,还要触摸皮肤,注意其弹性和有无水肿,如颌下、胸下、腹下等皮肤有水肿可能得了重症寄生虫病。

4.如何通过检查可视黏膜来发现病羊?

可视黏膜包括眼结膜,鼻黏膜,口腔黏膜等。检查时应在光线充足的地方进行。但应避免光线直接照射。注意黏膜有无苍白、潮红、发绀、黄染、有无肿胀、出血、溃疡及分泌物的性状。健康羊的眼结膜、鼻、口腔黏膜呈粉红色,且光滑、湿润,如果出现其他颜色,则可能生病。翻开羊上下眼睑,或检查口、鼻腔黏膜时,如发现黏膜苍白,则是贫血的表现;如黏膜发黄,见于各种原因引起的肝脏病变、胆管阻塞或溶血性贫血等;患吸虫病、弓形虫病也可能出现黄染;如黏膜呈紫红色(也称发绀),是严重缺氧的征兆,见于呼吸困难性疾病、中毒病或某些病的重危期。如眼结膜有出血点或出血斑,多是出血性疾病或中毒的表现。

5.如何通过观察饮、食欲来发现病羊?

健康羊只喂料时表现出良好的食欲,健康的羊采食集中,每次采食大约 30 min 后开始反刍 30～40 min,一般每口食物咀嚼40～60 次,一昼夜反刍 6～8 次。羊只吃草或饮水忽然增多或减少、舔泥土、长时间啃食草根等,可能是某些营养物质缺乏导致的慢性营养不良;若羊只反刍减少、无力或停止,表示羊的消化功能存在问题。不吃不喝说明病情严重,若想吃而不敢咀嚼,要检查口腔和牙齿有无异常病变。热性病的初期,常表现为喝水量增加。

6.怎样根据粪、尿变化来发现病羊?

正常羊粪呈小球形,灰黑色、软硬适中。如粪便过干小、色黑,可能缺水或是胃肠道运动迟缓。如粪便出现特殊臭味或过于稀薄,多是各种类型的急慢性肠炎所致。粪便呈黑褐色,说明前段消化道出血;粪便为暗红色为后段肠道出血。当粪便混有大量黏液或附有黏膜样物并带有腥臭或恶臭时,表示胃肠道有炎症;当混有谷粒或粗大纤维时,表示消化不良;当混有寄生虫或节片时,表示体内有寄生虫;健康羊尿液清亮、无色或微黄,每天排尿 3～4 次。羊排尿次数过多或过少,尿量过多或过少,尿液颜色发生变化时,都是有病的征兆。如患焦虫病的羊,尿液为黄红色。

7.怎样给羊测体温?

一般用手触摸羊的耳根或将手指插入口腔,即可感觉病羊是否发烧,但该法准确度不高,最准确的方法是使用兽用体温表进行直肠测温。具体方法是测温前先将体温表用力甩到 35℃ 以下,接着在体温表上涂上润滑剂(凡士林、液状石蜡、植物油)或蘸水,然后测温人员要站在羊的正后方,用手把羊尾巴略往上掀,再把有水银的一端斜向前下方从肛门口边旋转边插入直肠内,然后用体温表夹子把体温表固定在尾巴根部的被毛上,3～5 min 后取出,读取水银柱顶端的刻度,即为羊的体温度数。测好后再把体温表擦洗干净,甩下水银柱以备用。健康羊因年龄及环境温度不同,体温也不尽相同。一般羔羊比成年羊高,热天比冷天要高,下午比上午要高,运动后比运动前高,绵羊的正常体温是 38.5～40℃,山羊的正常体温是 38.5～39.5℃,低于或高于正常范围,均是病态象征。需要注意的是,羊正常体温在一昼夜内略有变动,一般上午低,下午高,相差 1℃ 左右。如果体温超过正常范围则发烧,低于正常范围一般病情危重。

8.如何检查羊的脉搏数?

检查羊的脉搏数,可用手触摸羊后肢股内侧的股动脉,感知脉搏跳动的情况。健康羊的脉搏每分钟跳动 70～80 次,如果羊的脉搏数增加则可能患热性病、剧烈疼痛性疾病、心脏病、贫血、呼吸器官疾病或某些中毒病;如脉搏数减少,则可能患有脑病、某些中毒性疾病等;如脉搏强而有力,则处于热性病初期;如脉搏弱而无力,可能患有心脏衰弱、热性病或中毒病的后期;一旦用手摸不到脉搏,则是心力衰竭或是将要死亡。

9.如何检查羊的呼吸数?

检查羊的呼吸数比较简单,一般可根据胸腹壁的起伏动作而测定。检查者站在羊的侧面,注意观察腹肋部的起伏,一起一伏为一次呼吸,在寒冷季节也可根据呼吸气流来测定。健康羊每分钟呼吸数为12~30次。呼吸次数增多,多患热性病、胃肠臌气、积食、呼吸器官疾病和贫血等;呼吸次数减少,则患有脑中毒病或将要死亡。如发生吸气困难,可能患有鼻腔、咽喉和气管病;发生呼气困难,可能患有肺气肿或支气管炎;如呼、吸气都困难,则可能患有中毒病、脑病、胸膜炎、心脏病或肺炎。在检查羊呼吸时,也要注意嗅闻呼出气体的气味,如呼出的气体带有腐臭,可能患肺坏疽;如闻到酸臭味,可能为消化不良;如闻到大蒜味,可能是有机磷中毒。

10.怎样给羊口服给药?

口服给药主要包括自由采食法、长颈瓶投药法和药板给药法。

(1)自由采食法

多用于大群羊的预防性治疗或驱虫。将药按一定比例均匀地拌到饲料或饮水中,让羊自由采食或饮用。一般不溶于水的药物多拌到饲料中更为适宜,适用于长期投药,但要特别注意将药与饲料混合均匀,以免发生中毒,有些中草药混饲时要少喂多添。混水给药对不吃但可以饮水的病羊尤其适用,在给药前应停止饮水半天,以保证每只羊能喝到一定量的水。用此法需注意所用药物应溶于水,并在一定时间内让每只羊喝到水,防止某些药物长期在水中变质而失效。

(2)长颈瓶投药法

适用于稀释后的药液。将药液装入长颈的橡皮瓶、塑料瓶或酒瓶内,抬高羊的头部,使口角与眼水平,操作者右手拿药瓶,左手的食、中二指自羊右口角伸人口中,轻轻按压舌面,羊口即张开,右手将长颈瓶口从右口角插入口中,并将左手抽出,待瓶口伸到舌面中部,即可抬高瓶底将药物灌入。

(3)药板给药法

将药物按一定剂量混入面糊内,做成舔剂。投药时应使用表面光滑、无棱角的竹质或木质的舌形药板操作者站在羊的右面,用左手的食、中二指自羊右口角伸入口中,压住舌面,同时大拇指抵住上颌或将舌拉出,使其口张开,右手持药板,用药板前部抹取药物,迅速从右口角送入口内达舌根部,翻转药板,把药抹在舌根部,待羊咽下后再抹第二次,如此反复进行直至把药给完。此法也可用于丸剂或片剂的投服,可不用药板,直接用右手将药丸或药片送到舌根部即可。

11. 怎样给羊胃管投药?

给羊胃管投药可通过两种方法(图 4-13,图 4-14),即鼻腔插入和口腔插入。

图 4-13　胃管投药保定

图 4-14　胃管投药

(1)经鼻腔插入

先将胃管插入鼻孔,沿下鼻道慢慢送入,到达咽部时,有阻挡感觉,待羊进行吞咽动作时趁机将胃管送入食道;如不吞咽,可轻轻来回抽动胃管,诱发吞咽。胃管经过咽部后,如进入食道,继续送感到稍有阻力,这时要向胃管内用力吹气,或用橡皮球打气,如见右侧颈沟有起伏,表示胃管已进入食道。如胃管已进入食道,继续深送,即可到达胃内。

(2)经口腔插入

先装好木质开口器,用绳固定在羊头部,将胃管通过木质开口器的中间孔,沿上腭直插入咽部,借吞咽动作胃管可顺利进入食道,继续深送,胃管即可到达胃内。胃管正确插入胃内时,胃管向前推动有一定阻力,从胃管内排出酸臭气体,将胃管放低时则流出胃内容物。如误插入气管时,胃管向前推动无阻力,病羊表现为咳嗽不止、气喘、挣扎和不安等,从胃管排出的气体与呼吸节律相一致,此时应将胃管即刻拔出重新插送。当确认胃管插入正确后,即可接上漏斗灌药。药液灌完后,再灌少量清水,然后去掉漏斗,用嘴吹气,或用橡皮球打气,使胃管内残存的药液完全入胃,用拇指堵住胃管管口,或折叠胃管慢慢抽出。该法适用于灌服大量水剂及有刺激性的药液。患咽炎、咽喉炎或咳嗽严重的病羊,不可使用胃管投药。

12. 怎样给羊打针?

给羊打针就是将各种药液通过注射器或输液器注入羊的体内。打针前应将注射器和针头等用清水冲洗干净,煮沸 30 min 消毒。注射器吸入药液后要直立,排除管内气泡,再用酒精棉球包住针头准备打针。最常用的打针(注射)方法包括皮内、皮下、肌肉和静脉注射。

(1)皮内注射

主要用于皮内变态反应诊断,常在羊的颈部两侧部位。局部剪毛,碘酊消毒后,使用小型针头,以左手大拇指和食指、中指绷紧皮肤,右手拿注射器,使针头几乎与注射部位的皮肤表面呈平行方向刺入,至针头斜面完全进入皮内后,放松左手,在针头与针筒交界处压迫固定针头,右手注入药液,至皮肤表面形成一个小圆形肿块即可。

（2）皮下注射

是将药液注射到皮肤和肌肉之间。注射部位多在颈侧或股内侧等皮肤容易移动的部位。此法常用于易溶、无刺激性的药物及某些疫苗等注射,如阿托品、肾上腺素、阿维菌素、炭疽芽孢苗等。注射方法:局部剪毛消毒后,操作者左手拇指和中指捏起皮肤,使皮肤形成皱褶,右手拿注射器,使针头与皮肤成30°角,在皱褶基部刺入针头达皮下,如针头能左右自由活动,即可注入药液。注药时,左手固定住针头与注射器的接合部,防止药液漏出,右手将药液推进。注射完后左手轻压皮肤,右手拔出针头,局部涂擦5％的碘酊消毒注射部位。当羊骚动不安或用玻璃注射器注射时,一般先将针头刺入皮下,然后再安上注射器进行注射。

（3）肌肉注射

羊的肌肉注射部位在颈侧肌肉丰满处,此法适用于刺激性较大、吸收缓慢的药液,如青、链霉素以及一些疫苗的注射。注射时,左手大拇指、食指分开,压紧注射部位的皮肤,右手持注射器,使针头与皮肤垂直,迅速刺入肌肉内。注入药液前,先将注射器的内塞回抽一下,如无回血,即可缓慢注入药液。

（4）静脉注射

当需药物迅速发生药效,或药物有强烈刺激性,不适合进行肌肉、皮下注射时可进行静脉注射。羊的注射部位一般在颈静脉中、上1/3交界处。方法是注射部位剪毛、消毒后,用左手大拇指按压住静脉的近心端,使其努张,其余四指在颈的对侧固定。右手持针头或注射器,在左手拇指压迫点的上方约2 cm处,将针头与颈静脉成45°角（向斜上方）刺入静脉内,见有回血后,松开左手,再将药液慢慢注入静脉内。注射完毕后,左手按压针孔,右手拔出针头,然后左手继续按压片刻,再用碘酊消毒注射部位的皮肤和针孔。如注入的药液量大,也可使用输液器进行静脉输液。

13. 给羊用药时应注意哪些方面的问题？

（1）用药以疗效高、副作用小、安全价廉为原则

在治疗疾病时不能滥用抗生素，如青霉素、链霉素、土霉素等，因为它们不能治疗一切疾病，滥用容易使病原微生物产生抗药性，给以后的治疗带来不利，因此，病情不明确时不要滥用抗生素。其他药物可治好的病不用抗生素；能用一种抗生素治好的病，不要同时用多种抗生素，尤其是不能滥用广谱抗生素。

（2）治疗用药剂量一定要准确

剂量大了易发生中毒，剂量小了达不到疗效，反而使病原产生抗药性，对今后的防治极为不利。

（3）配合使用的药物应发挥协同作用

有协同作用的药物联合使用，既降低使用剂量，又可提高治疗效果和防止抗药性的形成。有拮抗作用的药物不能同时使用。用药还应注意配伍禁忌和遵守停药期规定。

（4）防止药物蓄积中毒

有些药物排泄较慢，不能及时清除，在继续给药的情况下，易在体内产生蓄积作用。在实践中要清楚药物的药理作用，对排泄较慢的药物，对肝、肾功能不全的患羊，一个疗程结束后，如需继续治疗，则应停药一定时间再开始下一疗程或换其他药物。

（5）防止药物残留

在用抗寄生虫药物时要注意药物的残留期，在屠宰前需停药一段时间，以免动物产品内有残留药物。

14. 怎样预防羊流产？

能引起母羊流产的因素很多，通常可以从以下几个方面进行预防：

①用疫苗进行接种，控制由传染病引起的流产。

②采用驱虫药物，如阿维菌素、伊维菌素等。春、秋定期驱虫，

控制和降低羊只体内、外寄生虫的危害而引起的羊流产。

③对流产母羊及时使用抗菌消炎药品。对疑似病羊的分泌物、排泄物及被污染的土壤、场地、圈舍等进行消毒灭菌。

④加强饲养管理,控制由管理不当诱发的流产。

⑤驱虫后,对粪便堆积进行生物发酵。

⑥在四季加强放牧的情况下抓好夏、秋膘,特别是加强冬、春季管理。

⑦实行科学分群放牧,对产羔母羊、羔羊及公羊及时按照要求进行补饲,制定冬、春补饲标准。母羊怀孕后期补饲标准要高于怀孕前期标准。对补饲羊只做到定时、定量。

⑧圈舍要清洁卫生,阳光充足,通风良好。定期消毒棚圈,防止疫病传入。

⑨补喂常量元素(钙、磷、钠、钾等)和微量元素(铜、锰、锌、硫、硒等)。

⑩坚持自繁自养原则。对进出羊只按兽医规程检疫,避免把疫病带入带出。特别对引进羊要隔离观察,确认无病方可入群。

(四)羊常见传染病的诊治

1.羊痘病怎样诊治?

羊痘病是由绵羊痘病毒和山羊痘病毒引起绵羊和山羊的一种急性热性接触性传染病,本病传染快,发病率高,病程3～4周。

(1)症状与诊断

病初体温升高到41～42℃,食欲减少,精神沉郁,结膜潮红,眼睑肿胀,鼻腔流出黏液或脓性分泌物;在皮肤无毛或少毛部出现绿豆大的红斑(图4-15,图4-16);2～3d后,红斑突起,形成丘疹,呈半球状隆起结节,后隆起结节变成水疱,中间凹陷呈脐状,随后变成脓疱,体温升高,病情加重;脓疱干缩结成褐色痂块,脱落后遗留一个红斑,颜色变淡,病情好转。即可认为是羊痘。

图 4-15　病羊皮肤的痘疹

图 4-16　皮肤淡红色痘疹

(2)预防与治疗

每年春、秋两季接种羊痘氢氧化铝疫苗,3 月龄以上的每只5 mL,3 月龄以下的 3 mL,尾部或肩胛骨后皮下注射;或每年春季用羊痘鸡胚化弱毒疫苗接种,尾部或股内侧皮下注射 0.5 mL。羊群发病后,立即封锁,剔出病羊严密隔离;栏舍、用具彻底消毒;病死羊深埋或烧毁。对病羊群中的健康羊只接种疫苗,6～7 d 后即可终止发病。根据实际情况,应灵活选用青霉素、链霉素等防止细菌感染。患部用 0.1% 高锰酸钾溶液洗涤,擦干后涂上紫药水或碘甘油,或撒上复方新诺明粉和呋喃唑酮粉。

2.羊传染性脓疮怎样诊治?

传染性脓疱又称传染性脓疱性皮炎,俗称"羊口疮",是由羊口疮病毒引起的一种人畜共患病,主要危害羔羊,以口唇等处皮肤和黏膜依次形成丘疹、脓疱、溃疡和疣状厚痂(图 4-17,图 4-18)为特征。

(1)症状与诊断

病羊口唇等处皮肤和黏膜形成丘疹、脓疱、溃疡和结成瘤状厚

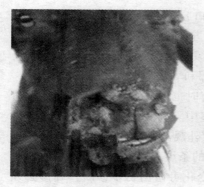

图 4-17　口唇脓疮、溃疡、结痂

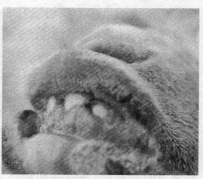

图 4-18　唇内黏膜坏死和烂斑

痂为特征。通过病羊、带毒羊或病羊用过的厩舍牧场由皮肤或黏膜擦伤传播。羔羊、幼羊发病最多,常群发性流行。

（2）预防与治疗

定期进行疫苗接种。严防创伤感染。发病后对全群羊多次彻底检查,病羊隔离治疗,用 2% 氢氧化钠溶液或 10% 石灰乳等彻底消毒用具和羊舍。可用 0.1%～0.2% 的高锰酸钾冲洗创面,再涂 2% 甲紫、碘甘油、5% 的土霉素软膏或青霉素呋喃西林软膏,每天 1～2 次。对病重者还应对症治疗。

3.羊口蹄疫怎么诊治?

口蹄疫是偶蹄兽的一种急性高度接触性病毒性传染病。一年四季均可发病,但多发生于冬春寒冷季节。

（1）症状与诊断

病羊体温升高（40～41℃）,食欲低下,流涎。口腔呈弥漫性口膜炎,常于唇内侧、齿龈、舌面、颊部及硬腭黏膜形成水疱（图 4-19,图 4-20）,水疱破裂后形成边缘整齐的鲜红色或暗红色烂斑,有的烂斑附有一层淡黄色渗出物,干燥后形成黄褐色痂皮。此时体温降至正常,糜烂逐渐愈合,如有细菌感染,糜烂则发展成溃疡,愈合后形成瘢痕。如病变仅限于口腔,1~2周病羊即可痊愈。但如波及蹄部或乳房,则经2~3周方能康复。病羊一般呈良性,病死率很低,仅为1%~2%。羔羊发病则呈恶性经过,常因心肌炎而死亡。良性口蹄疫除口腔、蹄部和乳房等处可见水疱、烂斑外,在咽喉、气管、支气管、前胃等处有时也可看到烂斑或溃疡;恶性口蹄疫主要病变为心包腔积液,在室中隔、心房与心室壁上散在灰白或灰黄色条纹、斑点,呈"虎斑心"外观。股部、肩胛部、颈部、臀部骨骼肌及舌肌也可见和心肌相似的条纹状和斑点状变性、坏死灶。依据流行特点、临诊表现和病理变化可做出初步诊断。确诊必须进行病毒分离鉴定和血清学试验。

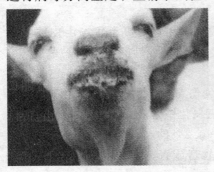
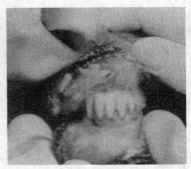

图 4-19　病羊流涎　　　　图 4-20　口腔黏膜的水疱和溃疡

(2)预防与治疗

发生本病时,立即上报疫情,确定诊断,鉴别病毒型,划定疫点及疫区,分别进行封锁和监督。用本次流行相同的病毒型、亚型的减毒活苗和灭活苗进行预防接种。高免血清或康复血清,可用以保护贵重种羊和幼羊,但只可用于疫区内。

4. 绵羊肺腺瘤病怎么诊治?

本病是成年绵羊的一种慢性肿瘤性,主要侵害肺部的传染病。

（1）症状与诊断

潜伏期为 0.5～2 年。病初,病羊落群,剧烈运动后呼吸加快;病后期呼吸快而浅,吸气时头颈伸直,鼻孔扩张,湿性咳嗽。按低头部,鼻中滴出分泌物,体温不高。死亡率 2%～5%。根据肺泡和支气管上皮呈进行性腺瘤样增生,引起呼吸困难,兼有咳嗽和流鼻液(图 4-21),消瘦,最后死亡,可做出初步诊断。

图 4-21　鼻流浆液性鼻漏

（2）预防与治疗

目前尚无有效办法,亦无预防疫苗。因此要加强防疫工作,引进羊只必须来自安全区,并严格检疫。本病一旦发生,很难清除,因此必须全群淘汰。

5.羊炭疽病怎么诊治?

炭疽病是由炭疽杆菌引起的一种急性、热性、败血性人畜共患传染病,常呈散发性或地方性流行,绵羊最易感染。

（1）症状与诊断

羊发生该病多为最急性或急性经过,表现为突然倒地,全身抽搐、颤抖,磨牙,呼吸困难,体温 40～42℃,黏膜蓝紫色。从眼、鼻、口腔及肛门等天然孔流出带气泡的暗红色或黑色血液,血凝不全,尸僵不全,即可做出初步诊断(图4-22,图4-23)。

图 4-22　急性死亡的病羊

图 4-23　脾脏肿大,切面紫黑色

(2)预防与治疗

每年应做预防接种。接种的疫苗有两种:一种是无毒炭疽芽孢菌,仅用于绵羊(对山羊毒力较强,不宜使用),每头羊皮下注射0.5 mL;另一种是Ⅱ号炭疽芽孢菌,山羊和绵羊均可用,每头羊皮下注射1 mL。当有炭疽发生时,及时隔离病羊,对污染的用具、羊舍和地面等立即用10%热碱水或氢氧化钠溶液,或20%漂白粉连续消毒3次,间隔1 h。对同群未发病羊,用青霉素连续注射3 d,有预防作用。羊炭疽一般病程短,常来不及治疗,对病程稍缓慢的病羊可用特异血清或抗生素治疗,二者结合应用疗效更好。磺胺类药物也有一定效果。

①抗炭疽血清:30~60 mL,静脉注射,必要时间隔12 h再注射一次。

②青霉素:第一次用320万IU,肌肉注射,以后每隔6 h用160万IU肌肉注射,连用2~3 d。

③硫酸链霉素:10~15 mg/kg体重,肌内注射,每日2次,用到体温降至常温时再连续用药2~3 d。

④磺胺嘧啶:0.1~0.2 g/kg体重,2次/d,内服,连用2~3 d。

6.羊巴氏杆菌病怎么诊治？

巴氏杆菌病是由溶血性巴氏杆菌引起的一种传染病，绵羊主要表现为败血症和肺炎。

（1）症状与诊断

最急性多见于哺乳羔羊，羔羊突然发病，于数分钟至数小时内死亡。急性多见精神沉郁，体温升高到41～42℃，咳嗽，眼结膜潮红（图4-24），鼻孔常有出血（图4-25）。初期便秘，后期腹泻，有时粪便全部变为血水。病期2～5 d，严重腹泻后虚脱而死；慢性的病程可达3周，病羊消瘦，不思饮食，流脓性鼻液，咳嗽，呼吸困难，腹泻。

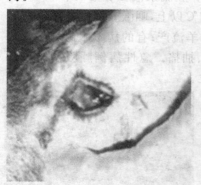

图4-24　病羊眼结膜潮红

图4-25　肺脏充血、出血和水肿

（2）预防与治疗

加强饲养管理，避免羊群受寒、拥挤等发病诱因。本病发生时可用5％漂白粉液或10％石灰乳等彻底消毒圈舍、用具等。必要时用高免血清或菌苗给羊群做紧急免疫接种。治疗：

①青霉素160万IU，肌肉注射，每天2次，连用2～3 d。

②土霉素20 mg/kg体重，肌肉注射，每天2次，首次量加倍，连用3～5 d。

③庆大霉素:1 000～1 500 IU/kg 体重,肌肉注射,每天 2 次,连用 2～3 d。

④20%磺胺嘧啶钠注射液 5～10 mL,肌肉注射,每天 2 次,连用 3～5 d。

7.羊链球菌病怎么诊治?

羊链球菌病是严重危害山羊、绵羊的疫病,它是由溶血性链球菌引起的一种急性热性传染病,多发于冬春寒冷季节。

(1)症状与诊断

羊病初期精神不振,食欲减少或不食,反刍停止,步态不稳;结膜充血,流泪,后流脓性分泌物;鼻腔流浆液性鼻液(图 4-26),后变为脓性;口流涎,体温升高至 41℃以上,咽喉、舌肿胀(图 4-27),粪便松软,带黏液或血液;怀孕母羊流产;有的病羊眼睑、嘴唇、颊部、乳房肿胀,临死前呻吟、磨牙、抽搐。急性病例呼吸困难,24 h内死亡。一般情况下 2～3 d 死亡。

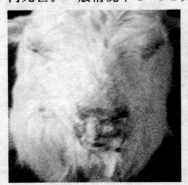

图 4-26　鼻腔流浆液性鼻液

图 4-27　咽喉部组织水肿、充血

(2)预防与治疗

养殖户可以用羊败血性链球菌病灭活疫苗进行预防,选用皮下注射,不论年龄大小,每只羊均接种 5 mL。每只病羊用青霉素

30 万～60 万 IU 肌注,1 次/d,连用 3 d 或 10%的磺胺噻唑 10 mL,肌肉注射,1 次/d,连用 3 d。也可用磺胺嘧啶 4～8 g 灌服,2 次/d,连用 3 d。高热者每只用 30%安乃近 3 mL,肌肉注射。病情严重食欲废绝的给予强心补液,5%葡萄糖盐水 500 mL,安钠咖 5 mL,维生素 C 5 mL,地塞米松 10 mL 静脉滴注,2 次/d,连用 3 d。

8.羊沙门氏菌病怎么诊治?

由鼠伤寒沙门氏菌、都柏林沙门氏菌和羊流产沙门氏菌引起,以羔羊急性败血症和下痢、母羊怀孕后期难产为主要特征的急性传染病。本病包括绵羊流产和羔羊副伤寒两种疾病,绵羊流产主要由羊流产沙门菌引起;羔羊副伤寒则主要由都柏林沙门氏菌所致。

(1)症状与诊断

①羔羊副伤寒　以断乳或断乳不久(15～30 日龄)的羔羊易感。羔羊多见体温升高达 40～41℃,食欲减少,排黏性带血稀粪,恶臭,虚弱,精神沉郁,低头弓背,卧地不起。真胃和小肠呈卡他性、出血性炎症,心内外膜出血,肠系膜淋巴结充血肿大。病程1～5 d 死亡,有的经 2 周后可恢复。发病率一般为 30%,病死率 25%左右。

②绵羊流产　流产多发生于怀孕最后 2 个月,母羊体温升高达 40～41℃,食欲不食,精神沉郁,部分羊有腹泻症状。病羊产出的活羔羊极度衰弱,并常有腹泻,一般 1～7 d 死亡。发病母羊也可在流产后或无流产的情况下死亡,病母羊呈化脓性或化脓坏死性子宫内膜炎变化。羊群暴发一次,一般可持续 10～15 d,流产率和病死率均很高。根据症状、病变和流行特点可做初步诊断,确诊本病需要做病原菌检查。

(2)预防与治疗

应加强饲养管理,羔羊出生后及时吃初乳,羔羊应保暖,发现病羊应及时隔离治疗，被污染的场地和圈栏要彻底消毒，同时受威胁的羊群，注射相应菌苗预防。病羊可淘汰处理或隔离治疗：治疗可用土霉素、磺胺类或呋喃类药物。如：土霉素每天 $30\sim50$ mg/kg 体重，分 $2\sim3$ 次内服；硫酸新霉素：$5\sim10$ mg/kg 体重，内服，2 次/d。

9. 羊坏死杆菌病怎么诊治？

本病又称腐蹄病，由坏死梭杆菌引起的一种慢性传染病。

(1)症状与诊断

绵羊患坏死杆菌病多于山羊，常侵害蹄部，引起腐蹄病。初呈跛行(图 4-28)，多为一肢患病，蹄间隙、蹄和蹄冠开始红肿、热痛，而后溃烂(图 4-29)，挤压肿烂部有发臭的脓样液体流出。随病变发展，可波及腱、韧带和关节，有时蹄匣脱落。绵羊羔可发生唇疮，在鼻、唇、眼部甚至口腔发生结节和水疱，随后成棕色痂块。轻症病例，能很快恢复，重症病例若治疗不及时，往往由于内脏形成转移性坏死灶而死亡。

图 4-28　病羊呈跛行

图 4-29　蹄部皮肤坏死、腐烂

(2)预防与治疗

本病预防无特异性菌苗，只有采取综合性预防措施，如加强饲养管理，保持圈舍清洁、干燥，防止皮肤、黏膜损伤，如发生损伤，及时涂碘酒消毒或进行其他处理。对腐蹄病可进行局部治疗。先彻底清除坏死组织。用1％高锰酸钾溶液或5％福尔马林或10％～20％硫酸铜清洗蹄部,撒以磺胺粉,再以水剂青霉素浸湿的绷带包扎,每日或隔日换一次;或洗蹄后涂上抗生素软膏,再用绷带包扎。对坏死性口膜炎,先清除坏死物,用0.1％高锰酸钾液冲洗,再涂以碘甘油或撒布冰硼散。当已发生或防止发生内脏转移性坏死灶时,应进行全身治疗,如12％磺胺嘧啶注射液:1次肌肉注射8 mL,2次/d,连用5 d;土霉素:20 mg/kg体重,肌肉注射,连用5 d;硫酸庆大霉素注射液16万～32万 IU,加维生素C注射液2～4 mL,维生素 B_1 注射液2 mL,静脉注射,2次/d,连用3～5 d;磺胺嘧啶钠:2 g,1次内服,2次/d,连用3～5 d;中药方:龙骨30 g,枯矾30 g,乳香20 g,乌贼骨15 g,共研细末,用适量撒布于患部,每天1～2次,连用3～5 d。

10. 羊布氏杆菌病怎么诊治?

　　羊布氏杆菌病是羊的一种慢性传染病。主要侵害生殖系统。羊感染后,以母羊发生流产(图4-31)和公羊发生睾丸炎(图4-30)为特征。

图 4-30　公羊阴囊水肿、睾丸下垂　　　　图 4-31　母羊流产

(1)症状与诊断

多数病例为隐性感染。流产多发生于怀孕后的 3～4 个月;流产前食欲减退、口渴、精神沉郁、阴道流出黄色黏液;流产母羊多胎衣不下,继发子宫内膜炎,影响受胎。公羊表现睾丸炎,行走困难,拱背,饮食减少,逐渐消瘦,失去配种能力。

(2)预防与治疗

对阳性和可疑反应的羊及时淘汰。对被污染的用具和场地等进行彻底消毒。流产胎儿、胎衣、羊水和产道分泌物要深埋。凝集反应阴性羊用冻干布鲁氏菌猪 2 号弱毒菌苗(采用注射法或饮水法)、冻干布鲁氏菌羊 5 号弱毒菌苗(采用气雾免疫和注射免疫,在配种前 1～2 个月进行为宜)或布鲁氏菌 19 号弱毒菌苗(只用于绵羊)进行免疫接种。本病为人畜共患传染病,故畜牧兽医人员在饲养管理、接羔和防疫等工作中应注意严格消毒和防护。本病无治疗价值,一般不进行治疗。

11.羊破伤风怎么诊治?

羊破伤风又称强直症,俗称"锁口风",是一种人畜共患急性、创伤性传染病。

(1)症状与诊断

病初症状不明显,常表现卧下后不能起立,或者站立时不能卧下,逐渐表现四肢强直(图 4-32),运步困难,全身呆滞,角弓反张,牙关紧闭,口吐涎水,饮食困难,怕音响。根据羊只创伤史和反射兴奋性增高、骨骼肌强直性痉挛和体温正常,即可确诊。

(2)预防与治疗

加强护理,伤口用 3%过氧化氢、2%高锰酸钾或 5%碘酒等洗涤后,周围注射青、链霉素;早期皮下、肌肉或静脉注射抗破伤风血清 40 万 IU。亦可注射 25%硫酸镁 20～40 mL。在颈部上 1/3 处皮下注射破伤风类毒素 0.5 mL,第二年再注射一次;羔羊生后注射破伤风抗毒素,1月后再注射类毒素。

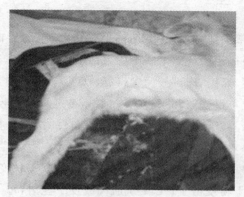

图 4-32 病羊四肢、颈项强直

12. 羊快疫怎么诊治?

羊快疫主要发生于绵羊,是由腐败梭菌引起的一种急性传染病。羊突然发病,病程极短,其特征为真胃黏膜出血。

(1)症状与诊断

病羊在仅数分钟至数小时突然死亡。尸体迅速腐败、膨胀,剖检后发现皱胃和幽门部黏膜出血潮红(图 4-33),被覆较多淡红色黏液。但仅根据发病突然,死亡极快,生前诊断较为困难。

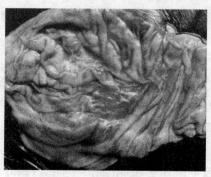

图 4-33 皱胃黏膜出血

（2）预防与治疗

在本病常发地区，每年定期注射羊快疫、羊肠毒血症、羊猝疽三联疫苗，还可用厌气菌七联干粉灭活疫菌（羊快疫、猝疽、羔羊痢疾、肠毒血症、黑疫、肉毒梭菌中毒、破伤风）。发病时，及时转移放牧场地，防止羊群受寒和采食冰冻饲料，推迟早晨出牧时间。本病病程短，常来不及治疗，一般仅对病程稍长的病例进行抗菌消炎、输液、强心等对症治疗。

①羊快疫疫苗：用羊快疫、肠毒血症、猝疽三联疫苗 5 mL，或用上述七联干粉疫苗 1 mL，1 次肌肉或皮下注射，每年 1 次。

②青霉素：80 万～160 万 IU 肌肉注射，2 次/d。

③12％复方磺胺嘧啶注射液 8 mL，1 次肌肉注射，每天 2 次，连用 5 d，首次量加倍。

④10％安钠咖注射液：2～4 mL，加维生素 C 注射液 0.5～1 g，5％葡萄糖生理盐水 200～400 mL，1 次静脉注射，连用 3～5 d。

13.羔羊痢疾怎么诊治？

羔羊梭菌性痢疾习惯上称为羔羊痢疾，俗名红肠子病，是新生羔羊的一种毒血症，其特征为持续性下痢和小肠发生溃疡，死亡率很高。

（1）症状与诊断

患病的羔羊会表现精神不振，不吃奶，没有食欲，逐渐消瘦，腹泻（图 4-34），初为稠糊状，后稀薄如水，黄色或灰白色，恶臭，后期为血粪（图 4-35），严重脱水，尾部有稀粪。

（2）预防与治疗

注意加强羔羊饲养管理，增强羔羊体质，做好保暖工作，合理哺育，每年秋末接种羊厌气菌五联苗。病羊肌肉注射抗羔羊痢疾

图 4-34 患病羔羊严重腹泻

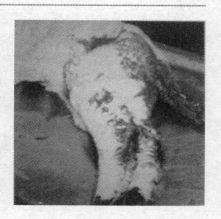

图 4-35 羔羊后肢黏附带血粪便

高免血清 3～10 mL；口服土霉素、链霉素各 0.125～0.25 g，也可再加乳酶生 1 片，每天两次。中药可用加味白头翁汤：白头翁 10 g，黄连 10 g，秦皮 12 g，山药 30 g，山萸肉 12 g，诃子 10 g，茯苓 10 g，白术 15 g，白芍 10 g，干姜 5 g，甘草 6 g。煎汤 300 mL，每只灌服 10 mL，2 次/d。

14. 羊肠毒血症怎么诊治？

羊肠毒血症是魏氏梭菌（产气荚膜梭菌 D 型）在羊肠道内大量繁殖并产生毒素所引起的绵羊急性传染病。该病以发病急，死亡快，死后肾脏多见软化为特征。又称软肾病。

（1）症状与诊断

病羊中等以上膘情，鼻腔流出黄色浓稠胶冻状鼻液，口腔流出带青草的唾液，僵尸一般不臌气。根据散发，突然发病，迅速死亡，发生在雨季和青草旺季和死后软肾（图 4-37），体腔积液，小肠严重充血、出血（图 4-36），可做出初步诊断。

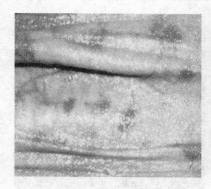

图 4-36　小肠黏膜充血、出血

图 4-37　肾脏软化

（2）预防与治疗

本病目前还没有有效的治疗方法，对病程较缓慢的病羊，可进行治疗。

①羊肠毒血症疫苗：用羊快疫、肠毒血症、猝疽三联疫苗，或用羊快疫、猝疽、肠毒血症、羔羊痢疾、黑疫五联疫苗 5 mL，1 次皮下或肌肉注射，每年 1 次，也可用羊梭菌病多联干粉灭活疫苗 1 mL，皮下或肌肉注射，每年 1 次。

②青霉素：80 万～160 万 IU，1 次肌肉注射，2 次/d。

③磺胺脒：8～12 g，第 1 天 1 次灌服，第 2 天分 2 次灌服。

④中草药：苍术 10 g，大黄 10 g，贯众 2 g，龙胆草 5 g，玉片 3 g，甘草 10 g，雄黄 1.5 g。用法：前 6 味药水煎取汁，混入雄黄，1 次灌服，灌药后再灌服一些食用植物油。对于羊群中的未发病羊，可内服 10%～20% 石灰乳 500～1 000 mL，进行预防。

15.羊猝疽怎么诊治？

羊猝疽是由 C 型产气荚膜杆菌引起的，以急性死亡为特征，伴有腹膜炎和溃疡性肠炎，1～2 岁绵羊易发。

（1）症状与诊断

病原随污染的饲料和饮水进入羊消化道，在小肠内繁殖，产生毒素,引起羊发病,病程短促,常未见到症状就突然死亡。有时病羊掉群、卧地、表现不安、衰弱和痉挛。病变主要见于消化道和循环系统,胸腹腔和心包大量积液,小肠严重充血(图 4-38),糜烂,可见大小不等的溃疡及腹膜炎等。可做出初步诊断。

图 4-38　空肠充血,黏膜出血

(2)预防与治疗

加强饲养管理,提高羊只的抗病能力。定期注射羊快疫、羊猝疽和羊肠毒血症三联苗。对发病羊只肌注或静注抗生素。对腹泻严重的羊,可肌肉注射英国意康生物血清-羊毒抗 0.1 mL/kg 体重,1 次/d,连用 2 d。

16.羊皮肤真菌病怎么诊治?

本病是由皮肤癣菌侵染表皮及其毛皮、表皮角质,所引起的真菌疾病,多发生在颈、肩、胸、背部和肛部上侧。

(1)症状与诊断

病初有豌豆大小结节,后成界限明显的,并被覆有灰白色或黄色鳞屑的癣斑,大小不一,痂皮增厚,被毛易折断或脱落。病程持久。

（2）预防与治疗

保持羊体皮肤清洁卫生，经常检查体表有无癣斑和鳞屑，及时洗刷被毛，发现病羊及时隔离。将患病区剪毛，然后用温肥皂水洗涤，除去软化的痂皮，在患部涂擦 5％的碘酊、10％水杨酸软膏、5％的硫黄软膏、灰黄霉素，每日涂擦一次，直至痊愈为止。

17. 羊蓝舌病怎么诊治？

蓝舌病是以昆虫为传染媒介的反刍动物的一种病毒性传染病。

（1）症状与诊断

病初体温升高达 40.5～41.5℃，表现厌食、委顿，落后于羊群。流涎，口唇水肿，蔓延到面部和耳部，甚至颈部、腹部。口腔黏膜充血（图 4-39），呈青紫色。在发热几天后，口腔连同唇、齿龈、颊、舌黏膜糜烂（图 4-40），致使吞咽困难；随着病的发展，在溃疡损伤部位渗出血液，唾液呈红色，口腔发臭。鼻流炎性、黏性分泌物，鼻孔周围结痂，引起呼吸困难和鼾声。

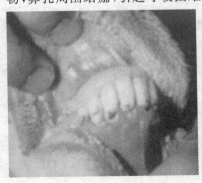
图 4-39　病羊口腔黏膜充血

图 4-40　病羊舌部充血、糜烂

（2）预防与治疗

用羊肽乐配合刀豆素混合注射，1 次/d，连用 2 d；对母羊已经怀孕的要每天按照治疗量注射两次;针对病程较长的羊,可以适当的配合抗生素一起分点注射。对疑似的病羊加强护理,避免烈日、风吹、雨淋,给予易消化饲料。用消毒剂对患部进行冲洗,同时选用适当的抗菌药预防继发感染。

18.羔羊大肠杆菌病怎么诊治?

羔羊大肠杆菌病是致病性大肠杆菌所引起的一种幼羔急性、致死性传染病。

(1)症状与诊断

潜伏期1～2 d,分为败血型和下痢型两型(图4-41,图4-42)。败血型多发于2～6周龄的羔羊。病羊体温41～42℃,精神沉郁,迅速虚脱,有轻微的腹泻,有的有神经症状,运步失调,磨牙,视力障碍,有的出现关节炎。下痢型多发于2～8日龄的新生羔。病初体温略高,出现腹泻后体温下降,粪便呈半液体状,带气泡,有时混有血液,羔羊表现腹痛,虚弱,严重脱水,不能起立;如不及时治疗,可于24～36死亡。

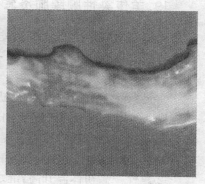

图4-41 盲肠内有大量灰黄色内容物　　**图4-42** 小肠黏膜充血、出血

(2)预防与治疗

①加强妊娠母羊和羔羊的饲养管理,搞好产房和产羔时的脐

带和乳房消毒工作,把初乳挤去数滴后再让羔羊吸吮。

②选择与当地流行的具有针对性的大肠杆菌菌苗进行免疫,或对发病羊注射高免血清。

③抗生素疗法:

a.土霉素 $10\sim20$ mg/kg 体重,肌肉注射,2 次/d;或 $60\sim100$ mg/kg 体重,2 次/d 灌服。

b.新霉素 50 mg/kg 体重,2~3 次/d 口服。

c.磺胺脒首次量为 1 g,以后每 $4\sim6$ h 口服 0.5 g,或 20%的磺胺嘧啶钠 $5\sim10$ mL 肌肉注射,2 次/d。

d.中药疗法:用大蒜100 g,95%酒精 100 mL,浸泡半个月,用过滤液 $1\sim2$ mL,加水灌服,2 次/d;用白头翁、黄柏、黄芩、陈皮各15 g,加水 250 mL,煎至 50 mL,每次 5 mL 灌服,每日 2 次,连用5 d。

e.有脱水症状时,可口服补液盐或用等渗糖盐水、复方盐水静脉注射,每次 $30\sim50$ mL。

19.羊传染性胸膜肺炎怎么诊治?

羊传染性胸膜肺炎又称羊支原体性肺炎,是由支原体所引起的一种高度接触性传染病。

(1)症状与诊断

①最急性 病初体温增高,极度委顿,食欲废绝,呼吸急促,后出现肺炎症状(图 4-43),呼吸困难,咳嗽,并流浆液带血鼻液,病羊卧地不起,四肢直伸,呼吸极度困难,每次呼吸则全身颤动;黏膜高度充血,发绀;目光呆滞,呻吟哀鸣,不久窒息而亡。

②急性 病初体温升高,继之出现短而湿的咳嗽,伴有浆性鼻漏。4~5 d 后,咳嗽变干,鼻液转为黏液－脓性并呈铁锈色,高热不退,食欲锐减,呼吸困难和痛苦呻吟,眼睑肿胀,流泪,眼有黏液——脓性分泌物。口半开张,流泡沫状唾液。头颈伸直,腰背拱起,腹肋紧缩,最后病羊倒卧,不死的转为慢性。

图 4-43　肺实质发生肝变

③慢性　多见于夏季。全身症状轻微,体温降至 40℃ 左右。病羊有咳嗽和腹泻,鼻涕时有时无,身体衰弱,被毛粗乱无光。

（2）预防与治疗

根据当地病原体的分离结果,选择使用山羊传染性胸膜肺炎氢氧化铝苗、鸡胚化弱毒苗或绵羊肺炎支原体灭活苗。用"咳喘清＋干扰素＋头孢"和红霉素配合治疗,每只山羊 0.5 g 加入 5% 葡萄糖液 30 mL 一次静脉注射,红霉素口服每只山羊 2 g,隔 5 d 再服一次,病情就可以基本得到控制。

20. 羊李氏杆菌病怎么诊治?

李氏杆菌病又称转圈病（图 4-44）,是一种人畜共患的急性传染病。山羊和绵羊均可发生,以羔羊和孕羊最为敏感。

（1）症状与诊断

典型症状为脑炎,幼羊常呈败血症,孕羊常发生流产。主要在冬春季发病。维生素 A、维生素 B 缺乏是发病的主要诱因。病初体温升高到 40～41.6℃,不久降至接近常温。病羊精神沉郁,多数出现神经症状,如视力减弱;步态不稳,头颈偏向一侧,遇到障碍

图 4-44　转圈病症状

时常以头抵着不动,绕圈倒地,四肢做游泳姿势,脖子强硬;面部神经和咽部出现麻痹,最后昏迷,很快死亡,病程 3～5 d。孕羊多在产前 3 周左右发生流产,流产前无任何症状。流产羊的胎衣多滞留 2～3 d,其后不经任何处理即自动排出。

(2)预防与治疗

加强饲养管理,做好引种的检疫工作,必要时补充维生素 A、维生素 B,做到早发现、早治疗;立即隔离病羊,将羊群封锁,场地圈舍用 3％火碱水或 5％漂白粉消毒。治疗可选用:

①土霉素 2.5～5 mg/kg 体重,2 次/d,肌肉注射。

②青霉素 4 万 IU/kg,肌肉注射,每日早晚各 1 次,连用 5 d,同时注射维生素 C、维生素 B_6 辅助治疗。

③病情严重的羊可用 20％磺胺嘧啶钠 10～15 mL,加入 5％葡萄糖生理盐水 500 mL 内,2 次/d 静注,250 mL/次,为提高疗效,可加入 40％乌洛托品 20 mL。

④全群治疗可在配合饲料中添加复方磺胺 5-甲氧嘧啶,连用 4 d,添加维生素 A、维生素 B,连用 10 d,饮水中加口服补液盐 2 次/d,连用 3 d。

21.羊衣原体病怎么诊治？

衣原体病是由衣原体引起的多种畜禽及人共患的传染病总称，有多种临诊表现。羊的衣原体病主要由鹦鹉热衣原体引起，幼羊多表现为多发性关节炎和滤泡性结膜炎，而怀孕羊则发生流产、死产及产弱羔。

(1)症状与诊断

本病多呈地方性流行。鹦鹉热衣原体感染绵羊、山羊可有不同的临床症状：

①流产型　潜伏期 50～90 d。流产通常发生于妊娠的中后期，一般无征兆，主要表现为流产、死产或产出弱羔羊。流产后往往胎衣滞留，流产羊阴道排出分泌物可达数日。有些病羊因继发感染细菌性子宫内膜炎而死亡。羊群首次发生流产，流产率可达20%～30%，以后则流产率下降。流产过的母羊一般不再发生流产。公羊感染后可见患有睾丸炎、附睾炎等。

②结膜炎型　结膜炎主要发生于绵羊，特别是育肥羔和哺乳羔。病羊眼结膜充血、水肿，大量流泪，病后 2～3 d，角膜发生不同程度的混浊、溃疡或穿孔。数天后，在瞬膜、眼结膜上形成直径1～10 mm 的淋巴滤泡。某些羊可伴发关节炎。发病率高，一般不引起死亡。病程 6～10 d，角膜溃疡者，病期可达数周。

③关节炎型　主要发生于羔羊。可引起多发性关节炎。感染羔羊病初体温高达 41～42℃，食欲减退，掉群，四肢关节肿胀、疼痛、跛行。患病羔羊肌肉僵硬，或弓背而立，或长期卧地，体重减轻，生长发育受阻。

(2)预防与治疗

①预防本病的关键是加强饲养管理，消除各种诱发因素，防治寄生虫侵袭，增强羊群体质，新引进的羊只必须进行检疫，杜绝外来衣原体传染。

②在流行地区，用羊流产衣原体灭活苗对母羊和种公羊进行

免疫接种，可有效控制本病的流行；对发病的羊及其所产弱羔及时隔离；污染的羊舍、场地等环境用 2％氢氧化钠、2％来苏水等彻底消毒。

③可选用四环素、金霉素、土霉素和红霉素等治疗。同时应加强护理，并进行对症治疗。

22. 羊传染性角膜结膜炎怎么诊治？

传染性角膜结膜炎又称红眼病、流行性眼炎，是由多种病原菌引起的羊的一种常见的急性传染病。

(1)症状与诊断

其特征为眼结膜和角膜发生明显的炎症变化，伴有大量的流泪，随后角膜混浊或角膜溃疡（图 4-45）。山羊及绵羊都可发生，传染迅速，1 周之内即可传染全群。多数病羊先一眼患病，然后波及另一眼，有时一侧发病较重，另一侧较轻。发病初期流泪、畏光、眼睑半闭。眼内角流出浆液或黏液性分泌物，不久则变成脓性。上下眼睑肿胀、疼痛、结膜潮红，并有树枝状充血，其后角膜混浊，发生角膜炎和角膜溃疡，眼前房积脓或角膜破裂，晶状体可能脱落，造成永久性失明。

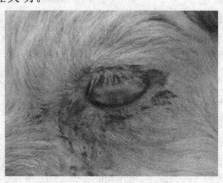

图 4-45 病羊流泪、角膜混浊

（2）预防与治疗

本病目前尚无疫苗预防。羊发病后应及时隔离病羊,并将其放入黑暗处,避免光线刺激,使其安静休息,促使病的恢复。治疗:

①选用4％的硼酸水洗眼,2～3次/d;

②用四环素、红霉素,或2％可的松眼药膏涂于眼结膜囊内,1～2次/d,或用竹管或纸筒把三砂粉(硼砂、朱砂、硇砂各等份,研成细末)吹入眼内,1～2次/d;

③用柏树枝和明矾熬水,用纱布滤出煎汁,凉后洗眼。

23.羊结核病怎么诊治?

结核病是由分枝杆菌属的成员引起人、畜、禽共患的一种慢性传染病,羊也可感染发病。本病的病原是分枝杆菌属的3个种:结核分枝杆菌、牛分枝杆菌和禽分枝杆菌。牛和禽分枝杆菌可感染绵羊,结核分枝杆菌可引起山羊发病。

（1）症状与诊断

本病发病缓慢,常无明显症状。严重病例,有咳嗽、消瘦、呼吸急促等症状。病理变化主要在肺脏膈叶,可见豌豆至杏核大的结核结节或肉芽肿。结节色黄白,质较硬,中心常发生干酪样坏死或钙化。镜检可见上皮样细胞和多核巨细胞。抗酸染色可见红色分枝杆菌。支气管与纵隔淋巴结、肝、脾等内脏也可见结核结节。生前很难做出诊断,只有当症状特别明显时才引起怀疑本病,此时可进行结核菌素试验、血清学试验等进行诊断。

（2）预防与治疗

本病以检疫、扑杀、消毒、净化羊场等为主要防制措施。一般不进行治疗。

24.羊副结核病怎么诊治?

副结核病又称副结核性肠炎,是牛、羊的一种慢性传染病,其特征是顽固性腹泻与进行性消瘦。病原副结核分枝杆菌为革兰氏阳性小杆菌,不形成荚膜和芽孢,无运动能力,具有抗酸染色特性。生前可从新鲜粪便取材检查病原菌。流行特点 本病多发于牛,其次为羊,以幼龄羊最易感,但潜伏期长,因此到成年才出现症状,呈散发或地方流行。

(1)症状与诊断

病初为间歇性腹泻,粪便呈糊状恶臭,体温、食欲等常无明显变化,后期持续性腹泻,病羊消瘦、衰弱、经长期患病衰竭或伴发肺炎等症而死亡,尸体常极度消瘦,可视黏膜苍白,皮下与肌间等处脂肪消失而呈胶样水肿。回肠、盲肠和结肠黏膜整个增厚或局部增厚,高低不平,皱褶明显,最严重时似脑回。肠系膜淋巴结肿大、坚实,切面色灰白或灰红、均质,呈髓样变。

(2)预防与治疗

羊副结核病无治疗价值。发病后每年应对病羊群用变态反应检疫4次,及时淘汰有临诊症状或变态反应阳性的病羊。用20%漂白粉液或20%石灰乳彻底消毒圈舍、用具等。

25.羊放线菌病怎么诊治?

放线菌病是由多种放线菌引起牛羊,其他家畜和人的一种非接触传染的慢性疾病。其特征是局部组织增生与化脓,形成放线菌肿。本病为散发,病原存在于外界环境和动物口咽部黏膜及皮肤,可通过黏膜或皮肤的损伤而感染。

(1)症状与诊断

下颌骨或上颌骨肿大,头部或唇舌部形成结节,以后化脓破溃,脓汁中含硫黄样细颗粒。乳房、肺及局部淋巴结也可见化脓性结节。组织切片上可见典型的肉芽肿,其中心为放射状菌块,周围是中性粒细胞、上皮样细胞和巨细胞等。病变发展缓慢,历经数月才被觉察。口唇部的病变给采食、咀嚼带来困难。根据病变特点可以初步诊断,压片或采取组织块作切片染色,观察菌块或肉芽肿的形态结构即可对本病做出确诊。

（2）预防与治疗

防止皮肤和黏膜损伤，发现伤口及时处理和治疗。治疗以局部处理和全身治疗相结合。局部治疗主要用碘制剂，全身治疗可较长时间大量应用抗生素。

①早期手术：将病变部切除，若有瘘管形成，要将瘘管一并彻底切除。切除后，创腔填塞碘酊纱布或撒布碘仿磺胺粉，每天换药1次；

②10%碘仿醚或2%鲁格氏液：在伤口周围和病变处注射；

③10%碘化钠：50～100 mL静脉注射，隔日1次，共3～5次。此外，大剂量长时间使用下列抗生素：青霉素、红霉素、链霉素以及磺胺嘧啶、磺胺二甲嘧啶等。

26.羊弯曲菌病怎么诊治？

弯曲菌病是由弯曲菌属中的胎儿弯曲菌引起牛、羊等动物的一种传染病，其特征是羊暂时性不育和流产。病原为胎儿弯曲菌为革兰氏阴性的细长弯曲杆菌，呈"S"形或飞鸥形。胎儿弯曲菌可分为胎儿弯曲菌胎儿亚种和胎儿弯曲菌性病亚种。本病多呈地方性流行，病母羊和带菌母羊为传染源，主要经消化道感染。公羊不易感染，常不传播本病。本病的流行常具有间歇的特点。

（1）症状与诊断

孕羊多于后期（第4～5个月）发生流产，排出死胎、死羔或弱羔。流产前多无明显征兆，产后阴道有黏脓性分泌物排出。流产母羊多很快康复，仅少数因死胎滞留而发生子宫内膜炎、腹膜炎或子宫脓毒血症而死亡。流产胎儿皮下水肿，胎儿、胎衣也可见出血，肝脏有坏死灶，病死羊可见卡他性、化脓性子宫内膜炎，甚至子宫积脓，也可见腹膜炎。细菌检查时从新鲜胎衣子叶和流产胎儿胃内容物取材涂片镜检。也可将病料接种于鲜血琼脂在一定环境条件下培养，以分离鉴定病原，进行确诊。

（2）预防与治疗

产羔季节严格执行兽医卫生措施。流产母羊及时隔离治疗。流产胎儿、胎衣及污染物要销毁，污染场地和用具要彻底消毒。母羊流产一次后产生免疫，第二次怀孕可正常产羔，因此可不淘汰流产母羊，但感染羊群不能作种畜出售。使用当地分离的菌株制备的多价苗免疫母羊，可有效预防本病。治疗可选用四环素，每天20～50 mg/kg体重，分2～3次内服。

27.羊葡萄球菌病怎么诊治？

葡萄球菌病是人和动物多种疾病的总称，以组织器官发生化脓性炎症或全身性脓毒败血症为特征，多为继发性感染。本病的主要致病菌为金黄色葡萄球菌，呈革兰氏阳性，常以葡萄穗状排列。它们多数能产生血浆凝固酶，还能产生多种能引起急性胃肠炎的肠毒素。病原菌可通过损伤的皮肤和黏膜、呼吸道及消化道等各种途径而感染，各种诱发因素对本病的发生和流行起着非常重要的作用。

（1）症状与诊断

绵羊患葡萄球菌病常表现为急性化脓坏疽性乳腺炎。可见乳房发红、明显肿大、疼痛，其分泌物呈红色，有恶臭，母羊不让羔羊吮乳。羔羊患病表现为化脓性皮炎或脓毒败血症，内脏器官可见大小不等的脓肿。根据化脓坏疽性乳腺炎和其他脏器的脓肿等临诊症状和病理变化，结合流行特点，可对本病做出初步诊断，但确定还需要进行细菌学检验。

（2）预防与治疗

本病应采取综合防制措施。加强饲养管理，保持羊舍清洁，避免外伤，提高羊体抵抗力等，可大大降低本病的发生。治疗首先应对从患畜体内分离的菌株进行药敏试验，找出敏感药物进行治疗。青霉素为首选药物，红霉素、庆大霉素及卡那霉素等也有较好的治疗效果。

28.羊黑疫怎么诊治？

羊黑疫又名传染性坏死性肝炎，是羊的一种急性高度致死性毒血症。其特征为坏死性肝炎。绵羊和山羊均可感染，但以 2～4 岁膘情好的绵羊多发。由于肝片吸虫的寄生能诱发本病，所以该病主要发生在春夏季肝片吸虫流行的低洼潮湿地区。

（1）症状与诊断

本病的临诊表现与羊快疫、羊肠毒血症等疾病极为相似，也是病程短促，常突然死亡。部分病例可拖延 1～2 d，出现离群、食欲废绝、反刍停止、呼吸困难、体温升高等症状，最后昏睡而死。典型病变为肝表面和肝实质内散在有数量不等的圆形或不规则圆形坏死灶，直径 2～3 cm，呈黄白色，其外围有一红色炎性反应带。该变化具有重要的诊断价值。因皮下严重瘀血而使皮肤呈黑色外观，故有"黑疫"之称；颈下、腹部和股内侧皮下胶样水肿；浆膜腔积液；胃幽门部和小肠充血、出血。心内膜也可见出血。根据流行特点、临诊表现和特征性肝坏死、皮下严重瘀血病变即可做出诊断。必要时从肝坏死灶边缘取材涂片检查病菌，也可进行毒素检查。

（2）预防与治疗

预防本病重在控制肝片形吸虫的感染。对羊群每年至少进行 2 次驱虫，一次在秋末冬初由放牧转为舍饲之前，另一次在冬末春初由舍饲改为放牧之前。发病时将羊群移牧于高燥地区。流行地区可接种羊黑疫、快疫二联疫苗，或羊快疫、猝疽、肠毒血症、羔羊痢疾、黑疫五联疫苗，或厌气菌七联干粉苗。治疗以抗菌消炎为主，也可用抗诺维氏梭菌血清进行早期预防或治疗。

①驱虫选用药物：蛭得净（溴酚磷），16 mL/kg 体重，1 次内服；丙硫苯咪唑，5～20 mg/kg 体重，1 次内服；三氯苯唑，8～12 mg/kg 体重，1 次内服。

②羊黑疫菌苗：用羊黑疫、羊快疫二联疫苗，或羊厌气菌五联疫苗 5 mL，1 次皮下注射，或 7 联干粉菌 1 mL，1 次皮下注射。

③抗诺维氏梭菌血清(7 500 IU/mL)：用于早期预防，皮下或肌内注射 10～15 mL，必要时重复 1 次；如用于早期治疗，静脉或肌内注射 50～80 mL，连用 1～2 次。

（五）羊常见寄生虫病的诊治

1.羊肝片吸虫病怎么诊治？

肝片吸虫病是一种危害羊的蠕虫病，又称肝蛭病。其虫体呈片状、红棕色，长 20～75 mm，宽 10～13 mm，寄生于羊的肝脏胆管中(图 4-46)。

图 4-46　肝脏的肝片吸虫

（1）症状与诊断

初期体温升高，食欲减少或不食，腹胀、腹泻，病羊消瘦，黏膜苍白，贫血，颈部、胸腹下部、眼睑水肿，逐渐恶化而死。诊断：病羊长期消瘦、贫血、消化不良，生长发育迟缓，治疗无效；或在春、夏放牧后出现消瘦等，应考虑是寄生虫病。粪便检查，找出虫卵，即可确诊。

（2）预防与治疗

将硫双二氯酚按每千克体重 100 mg 装在小纸袋内投服；硝氯酚按 4～5 mg/kg 体重一次口服；丙硫咪唑 10～15 mg/kg 体重一次口服。病初可用中药贯众 1 g，槟榔 3 g，龙胆草 1 g，泽泻 5 g，研末冲服；后期取细辛 1 g，黄精 3 g，莪术 1 g，金银花 3 g，泽泻 15 g，木通 3 g，石榴皮 4.5 g，茯苓 3 g，研末冲服。定期驱虫，不在低洼和沼泽地带放牧羊群。

2.羊棘球蚴病怎么诊治？

羊棘球蚴又称包虫病，是由棘球绦虫的幼虫，棘球蚴（图 4-47）引起的一种羊寄生虫病。

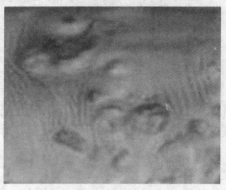

图 4-47　肝脏的棘球蚴囊泡

（1）症状与诊断

轻度感染和感染初期通常无明显症状；严重感染的羊，被毛逆立，时常脱毛，肺部感染时有明显的咳嗽；咳后往往卧地，不愿起立。寄生在肝表面时，可能有消化不良等症状。

（2）预防与治疗

寄生有棘球蚴病羊的脏器一律进行深埋或烧毁；做好饲料、饮水及圈舍的清洁卫生工作，防止犬粪污染。驱除犬的绦虫，要求每个季度进行一次,驱虫药用氢溴酸槟榔碱时,剂量按 1～4 mg/kg 体重,禁食 12～18 h 后口服;也可选用吡喹酮,按 5～10 mg/kg 体重口服。

3.羊脑多头蚴病怎么诊治?

羊脑多头蚴病(脑包虫病,图 4-48)是由多头绦虫的幼虫寄生在绵羊、山羊的脑、脊髓内,引起脑炎、脑膜炎及一系列神经症状,甚至死亡的严重寄生虫病。

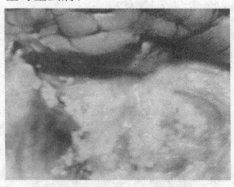

图 4-48 脑内多头蚴的幼虫

(1)症状与诊断

分为前期与后期两个阶段,前期为急性期,病羊体温升高,脉搏、呼吸加快,甚至有的高度兴奋,患畜作回旋、前冲或后退运动;后期为慢性期,随着脑多头蚴的发育增大,逐渐产生明显的症状,典型症状为"转圈运动"。

(2)预防与治疗

用吡喹酮 50 mg/kg 体重,连用 5 d,配合丙硫咪唑进行治疗。防止犬等肉食兽吃到带有脑多头蚴的脑和脊髓,对患畜的脑和脊髓应烧毁或深埋,对牧羊犬应进行定期驱虫,排出的粪便应深埋、烧毁或利用堆积发酵等方法杀死其中的虫卵,避免虫卵污染环境。

4.羊绦虫病怎么诊治？

羊绦虫病是由莫尼茨绦虫、曲子宫绦虫与无卵黄腺绦虫（图4-49）寄生于小肠所引起的。其中莫尼茨绦虫危害最严重，特别是对幼畜。三种绦虫可单独感染也可混合感染。本病在我国分布广泛，尤其是北方牧区。

图 4-49　病羊小肠内绦虫形态

（1）症状与诊断

表现精神不振、食欲减退，喜欢饮水，常伴发腹泻，有时便秘与腹泻交替发生，同时粪便中混有乳白色的孕卵节片。羔羊被感染后，迅速消瘦，被毛粗乱，失去光泽。清晨检查病羊新鲜粪便，粪表面可见黄白色长约 1 cm、圆柱状的孕卵节片。偶见病羊转圈、头后仰等神经症状。也可因寄生虫性肠阻塞而出现腹痛、腹胀，甚至发生肠破裂而死亡。剖检尸体发现病死羊消瘦，营养不良。小肠有多少不等的绦虫，黏膜呈卡他性炎症。腹腔液体较多，偶见肠阻塞、肠套叠或肠破裂。

（2）预防与治疗

1‰硫酸铜对羊绦虫有良好的驱虫作用。一般 1～6 个月羔羊可给予 15～45 mL，7 个月成年羊可给予 45～100 mL。隔 2～3

周再灌服一次。

5.羊消化道线虫病怎么诊治？

羊消化道内有多种线虫寄生（图 4-50），常混合感染引起疾病。在这些线虫中，以捻转血矛线虫危害最为严重。本病以消化不良、腹泻、消瘦等为主要特征，严重时也可导致死亡。寄生于皱胃的线虫有捻转血矛线虫、奥斯特线虫、马歇尔线虫、细颈线虫与古柏线虫；寄生于小肠的线虫有毛圆线虫、细颈线虫、古柏线虫、仰口线虫与捻转血矛线虫；寄生于大肠的线虫有食道口线虫、夏伯特线虫与毛尾线虫。该病主要流行于夏季，也见于春秋，这主要取决于外界环境适于寄生虫发育的温度和湿度。

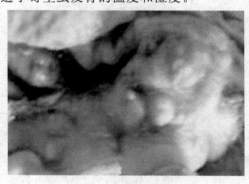

图 4-50　山羊消化道内的线虫

（1）症状与诊断

病羊一般表现消化功能障碍，食欲降低，消化、吸收不良，腹泻，消瘦，贫血，生长缓慢，有时下颌间隙水肿。如有继发感染、则出现体温升高、脉搏与呼吸加快等症状。严重病例动物可因衰竭而死亡。尸体消瘦，皱胃、小肠或大肠有多少不等的线虫。其黏膜呈卡他性、出血性或坏死性炎症，幼虫可在肠壁引起灰黄色结节状病变。生前根据症状可怀疑本病。用饱和盐水浮集法或直接涂片法检查粪便中的虫卵,粪便中如含大量虫卵时,即可确诊,就应给羔羊驱虫。

(2)预防与治疗

左旋咪唑:每千克体重 5～10 mg,溶水灌服,也可配成 5％的溶液皮下或肌肉注射,伊维菌素 0.1 mg/kg 体重,口服;或 0.1～0.2 mg/kg 体重,皮下注射。根据当地的流行情况,一般春秋季各进行一次驱虫。

6.羊弓形虫病怎么诊治?

羊弓形虫病是由猫、豹和猞猁等一些猫科动物所引起的一种寄生虫病,是一种人兽共患病。

(1)症状与诊断

急性病的主要症状是发热、呼吸困难和中枢神经障碍。患羊早产、流产和死产;当虫体侵入子宫后,妊娠羊分娩前 4 周极易出现流产,如果不流产新生羔羊出生后几周内死亡率很高。有些羊死于呼吸困难和神经症状。

(2)预防与治疗

磺胺嘧啶配成 10％溶液,按 60～100 mg/kg 体重进行皮下注射。第二天药量减半,连用 3～5 d。也可配合甲氧苄胺嘧啶 14 mg/kg 体重口服,每日 1 次,连用 4 d。

7.羊球虫病怎么诊治?

羊球虫病是由艾美科艾美耳属的球虫寄生于羊肠道(图 4-51)所引起的一种寄生虫病。

(1)症状与诊断

病初腹泻,粪不成形,但精神、食欲正常。3～5 d 后开始下痢,粪便由粥样到水样,黄褐色或黑色,混有坏死黏液、血液及大量的球虫卵囊,食欲减退或废绝,渴欲增加。随之精神委顿,被毛粗乱,迅速消瘦,可视黏膜苍白,解剖病羊发现小肠壁黄白色椭圆形斑点。

图 4-51　小肠壁黄白色椭圆形斑点

（2）预防与治疗

氨丙啉：每千克体重 50 mg，1 次/d，连服 4 d；磺胺二甲基嘧啶或磺胺六甲氧嘧啶 100 mg/kg 体重，1 次/d，连用 3～4 d。圈舍应保持清洁和干燥，饮水和饲料要卫生，注意尽量减少各种应激因素。放牧的羊群应定期更换草场，由于成年羊是球虫病的病源携带者，因此最好能将羔羊和成年羊分开饲养。

8.羊鼻蝇蛆病怎么诊治？

羊鼻蝇蛆病是羊鼻蝇幼虫寄生在羊的鼻腔或额窦里（图 4-52，图 4-53），并引起慢性鼻炎的一种寄生虫病。

（1）症状与诊断

患羊表现为精神萎靡不振，可视黏膜淡红，鼻孔有分泌物，摇头、打喷嚏，运动失调，头弯向一侧旋转或发生痉挛、麻痹，听力、视力下降，后肢举步困难，有时站立不稳，跌倒而死亡。

（2）预防与治疗

①伊维菌素或阿维菌素：0.2 mg/kg 体重，配成 1% 溶液皮下注射；

②氯氰柳胺：5 mg/kg 体重，口服；

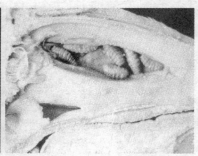

图 4-52　羊鼻蝇蛆的大体形态　　　图 4-53　鼻腔内羊鼻蝇蛆

③精制敌百虫：0.12 g/kg 体重，配成 2%溶液，灌服。

9.羊疥癣怎么诊治？

羊疥癣主要由疥螨、痒螨和足螨三种寄生虫引起的羊的常见疾病。

（1）症状与诊断

羊不断地在圈墙、栏杆等处摩擦，后皮肤出现丘疹、结节、水疱，甚至脓疮，形成痂皮或龟裂。绵羊患疥螨时，病变主要在头部，可见大片被毛脱落。患羊烦躁不安，影响采食量和休息，日见消瘦，最终极度衰竭死亡。疥螨病一般开始于皮肤柔软且毛短的地方，如嘴唇及鼻面（图 4-54）、口角、眼圈及耳根部，以后皮肤炎症（图 4-55）逐渐向四周蔓延；痒螨病则起始于被毛稠密和温度、湿度比较恒定的皮肤部分，如绵羊多发生于背部、臀部及尾根部。

（2）预防与治疗

新进的羊要隔离观察，并进行药物防治后再混群，及时发现病羊并隔离治疗；可选用伊维菌素，按 0.2 mg/kg 体重口服或皮下注射，每隔 1 个月用 1 次，连用 2～3 次；病羊数量多且气候温暖时，进行药浴治疗，用螨净水溶液进行药浴。

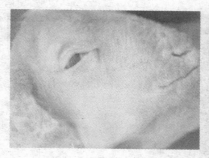

图 4-54　疥螨引起鼻、唇部
皮肤粗糙、增厚

图 4-55　痒螨引起脱毛
和皮肤结痂

10. 羊血吸虫病怎么诊治？

血吸虫病是由日本分体吸虫和东毕吸虫寄生于人、牛、羊等体内所引起的一种人畜共患寄生虫病。

（1）症状与诊断

羊主要表现为渐进性消瘦，病羊肋痕外露，被毛粗乱，失去光泽，白色的羊毛因沾满污物而变成灰色。体温升高到 40℃ 以上，病羊可视黏膜苍白，粪便变软，粪粒相互黏合成团，常混有黏液、黏膜，甚至有血液。有时腹泻和下痢，部分病羊有干性咳嗽，流鼻液，呼吸浅而快，严重者卧地不起。排浓茶样尿液，生长发育受阻，可导致不孕或流产。急性感染羊多衰竭死亡。轻度感染的羊除体形较瘦，粪球略软外，无明显症状。

（2）预防与治疗

在 4～5 月份和 10～11 月份检查治疗病羊，消灭钉螺，灭螺的方法有土埋、水淹、干晒、火烧、化学药物杀灭等方法。粪便采取无害化处理，可采用粪便集中发酵、沤肥及建沼气等方法。让羊饮用无污染的水，进行安全放牧和安全防护。目前常用的治疗药物有：

①吡喹酮，每千克体重 40 mg，一次口服；

②硝硫氰胺，60 mg/kg 体重，1 次口服；

③敌百虫,绵羊以 70～100 mg/kg 体重,山羊 50～70 mg/kg 体重灌服。

11.羊肺线虫病怎么诊治?

羊肺线虫病是由网尾科的线虫和原圆科的线虫寄生于羊的支气管、细支气管和肺泡而引起的一类疾病,其特征是慢性增长性肺炎。网尾科的线虫较大,称大型肺线虫;原圆科的线虫较小,称小型肺线虫。成年羊比幼龄羊的感染率高。本病发生于我国各地,常呈地方性流行。

(1)症状与诊断

轻者症状不明显,严重时有干咳、喘气、呼吸困难,运动时和夜间干咳更明显。大型肺线虫病尚有流鼻液、打喷嚏等症状。病羊逐渐消瘦,贫血,下颌颈胸及四肢水肿。病至后期,可因衰竭窒息而死亡。病理变化主要表现在肺脏有明显的慢性肺线虫性炎症。支气管、细气管中有多少不等的肺线虫和黏液。肺膈叶背缘或两侧缘可见数个肺线虫性结节,呈块状,色灰白,质地紧密。镜检见支气管和肺泡中有许多肺线虫成虫、幼虫和虫卵,平滑肌、结缔组织增生,淋巴细胞浸润。根据症状和流行特点可怀疑为本病,死后剖检可依病变或线虫特征做出确诊。

(2)预防与治疗

加强饲养管理,保持牧场清洁干燥,注意饮水卫生,粪便堆集发酵。实行轮牧,羔羊与成羊分群放牧,避免在低湿沼泽地放牧。冬季适当补饲,同时每隔 1 天在饲料中加入硫化二苯胺,成年羊 1 g,羔羊 0.5 g,让羊自由采食,可减少肺线虫的感染。该病流行的牧场,每年对羊群驱虫 1～2 次。对病羊应及时治疗,可选用左咪唑、丙硫咪唑、伊维菌素等驱虫药。对小型肺线虫,可选用盐酸吐根素治疗,剂量为 2～3 mg/kg 体重,配成 1％～2％溶液皮下注射,间隔 2～3 d 1 次,2～3 次为一疗程。

12. 羊前后盘吸虫病怎么诊治？

羊前后盘吸虫病是由多种前后盘吸虫寄生于羊的瘤胃、网胃和胆管壁上所引起的疾病。前后盘吸虫种类繁多，虫体大小、颜色、形状不尽相同，其总体特征是：虫体呈圆锥形、圆柱状，肥实。口吸盘在虫体前端，腹吸盘在虫体后端，故名前后盘吸虫。

（1）症状与诊断

成虫危害轻微，童虫危害严重。临诊上表现为顽固性下痢，粪便呈粥样或水样，腥臭。食欲减退，消瘦，贫血，黏膜苍白，颌下水肿。成虫可引起瘤胃、网胃黏膜损伤，发炎；童虫移行可引起卡他性或出血性皱胃炎与肠炎以及胆管炎、胆囊炎与肝炎。有时肠黏膜发生纤维素性坏死性炎症。小肠内可能有大量童虫，肠道内充满腥臭的水样粪便。粪便检查发现虫卵或死后剖检在瘤胃等处发现大量成虫、童虫，即可确诊。

（2）预防与治疗

定期驱虫，加强饲养管理，保持牧场清洁干燥，注意饮水卫生，粪便堆集发酵。治疗药物除歧腔吸虫病所用药物外还有：氯硝柳胺：绵羊剂量为 75～80 mg/kg 体重，口服。也可应用硫双二氯酚，羊剂量为 80～100 mg/kg 体重，1 次灌服。

（六）羊常见普通病的诊治

1. 羊口炎怎么诊治？

羊口炎是羊的口腔黏膜表层和深层组织的炎症（图 4-56）。

（1）症状与诊断

病羊表现食欲减少，口内流涎，咀嚼缓慢，欲吃而不敢吃，当继发细菌时有口臭。卡他性口炎，病羊表现口黏膜发红、充血、肿胀、疼痛，特别在唇内、齿龈、颊部；水疱性口炎，病羊的上下唇内有很

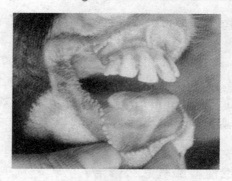

图 4-56　口腔黏膜发红、充血

多水疱;溃疡性口炎,在黏膜上出现有溃疡性病灶,口内恶臭,体温升高。

(2)预防与治疗

加强管理,防止外伤性、原发性口炎,传染病并发口炎,应隔离消毒。饲槽、饲草可用 2% 的碱水刷洗消毒。病羊可用 0.1% 高锰酸钾、0.1% 雷夫奴尔水溶液、3% 硼酸水、10% 浓盐水、2% 明矾水液等反复冲洗口腔,洗后涂碘甘油,1~2 次/d,直至痊愈为止;口腔黏膜溃疡时,可用 5% 碘酊、碘甘油、龙胆紫溶液、磺胺软膏、四环素软膏等涂擦患部。

2.羊瘤胃积食怎么诊治?

瘤胃积食又名瘤胃阻塞、急性瘤胃扩张,是羊贪食大量粗纤维饲料或容易膨胀的饲料引起瘤胃扩张,瘤胃容积增大,内容物停滞和阻塞以及整个前胃机能障碍形成脱水和毒血症的一种严重疾病。

(1)症状与诊断

病初食欲减退或停止,口出臭气,呕吐,出现不安状态,时起时卧,并常回视腹部,站立时弓背,尾摇晃,后肢踢腹,用角撞击,呻吟,腹围增大,左肷窝充满,或呈明显凸出,呼吸紧张,黏膜青紫色,心跳增快,心音强大,脉搏次数增多。

(2)预防与治疗

鱼石脂 1～3 g,陈皮酊 20 mL,液状石蜡 100 mL,人工盐 50 g,芳香氨醑 10 mL,加水 500 mL,1 次灌服;番木鳖酊 15～20 mL,龙胆酊 50～80 mL,加水适量,1 次灌服;10%安钠咖 5 mL 肌内注射;病期长的可静脉注射 5%碳酸氢钠 100 mL 解除酸中毒。

3.羊急性瘤胃臌气怎么诊治？

急性瘤胃臌气,即瘤胃气胀(图 4-57),是羊吃了大量易发酵、嫩的紫花苜蓿或采食霜冻饲料、酒糟、霉败变质的饲料后,胃内饲料发酵,迅速产生大量气体所致。

图 4-57　腹部膨大

（1）症状与诊断

病羊起卧不安。发出呻声，回头望腹部，腹部紧张而有弹性，叩诊呈鼓音，瘤胃蠕动音微弱，羊腹部迅速膨大，左肷窝明显突起，反刍和嗳气停止，食欲废绝。呼吸急促头颈伸屈张口呼吸，呼吸数增至 60 次/min 以上，心悸，脉搏数 100 次/min 以上。

（2）预防与治疗

羊取前高后低的姿势站立，用鱼石脂涂在短木棒上，横放在病羊口内两边固定，严重时进行瘤胃穿刺放气。用氧化镁 0.5～0.8 g/kg 体重加入水溶解后口服，液状石蜡 30～50 mL、鱼石脂 3 g、酒精 10 mL，加水内服，糖盐水 200～500 mL、小苏打 10 mL、安钠咖 2 mL，混合静脉注射。

4.羊创伤性网胃-心包炎怎么诊治？

创伤性网胃腹膜炎及心包炎是由于异物刺伤网胃壁而发生的一种疾病。

（1）症状与诊断

病羊心动过速，80～120 次/min，颈静脉怒张，粗如手指。颌下及胸前水肿。听诊心音区扩大，出现心包摩擦音或拍水音。精神沉郁，食欲减少，反刍缓慢或停止，鼻镜干燥，行动谨慎，表现疼痛，弓背，不愿急转弯或走下坡路，肘头外展，肘肌颤动。用手冲击网胃区及心区，或用拳头顶压剑状软骨区时，病畜表现疼痛、呻吟、躲闪。

（2）预防与治疗

预防主要是清除饲料中异物，在饲料加工设备中安装磁铁，以排除铁器，并严禁在牧场或羊舍内堆放铁器。切开瘤胃，清理排除异物，可用青霉素 40 万～80 万 IU、链霉素 50 万 IU，1 次肌肉注射，消除炎症。

5.羔羊白肌病怎么诊治？

羔羊白肌病主要是由于微量元素硒与维生素 E 缺乏或不足而引起羔羊的骨骼肌、心肌纤维以及肝组织发生变性为主要特征的疾病,病变部肌肉淡白(图 4-58),甚至苍白而得名。

图 4-58　腿部肌肉颜色变淡

(1)症状与诊断

表现为新生羔羊体弱,四肢僵硬,站立不稳或不能站立,腰背弓起,肌肉震颤,原因不明的跛行,供给失调,心搏动快,病羊食欲减退,消化不良,并伴发持续性腹泻,可视黏膜苍白,伴发结膜炎,角膜浑浊。

(2)预防与治疗

对妊娠、哺乳母畜加强饲养管理,在饲料中添加亚硒酸钠维生素 E 添加剂。病羔羊肌肉注射亚硒酸钠维生素 E 注射液,每只羔羊 2 mL,间隔 5～7 d 后再重复用药一次;此外,应用维生素 C、维生素 B 以及广谱抗生素进行对症治疗。

6.羔羊佝偻病怎么诊治？

羔羊佝偻病又称为骨软症,俗称弯腿症,是羔羊迅速生长时期的一种慢性维生素缺乏症。

（1）症状与诊断

病羊食欲减退，下痢，生长缓慢，步态不稳（图 4-59），跛行，不愿站立和运动，触摸骨骼，可以发现有疼痛反应。管状骨及扁骨的形态逐渐变化，关节肿胀，肋骨下端出现佝偻病性念珠状物。膨起部分在初期有明显疼痛。

图 4-59　四肢关节肿大，行走不稳

（2）预防与治疗

本病应采取综合预防措施：加强怀孕母羊和泌乳母羊的饲养管理，饲料中应含丰富的蛋白质、维生素 D 和钙、磷，注意钙、磷配合比例，适当增加鱼粉、骨粉等矿物饲料，供给充足的青饲料，适当进行舍外运动，补充阳光照射。对羔羊适当投喂鱼肝油及维生素 D 制剂，必要时补充甘油磷酸钙 0.5～1 g。对发病羊进行下列治疗：

①维生素 A 和维生素 D 注射液，3 mL 肌内注射。

②精制鱼肝油，3 mL 肌内注射或灌服，每周 2 次。

③10％葡糖酸钙注射液，5～10 mL 静脉注射。

7. 羊乳腺炎怎么诊治？

羊乳腺炎是乳腺、乳池、乳头局部的炎症，多见于泌乳期的山羊、绵羊。

（1）症状与诊断

①急性乳腺炎　患病乳区发热、增大（图 4-60）、疼痛。乳房淋巴结肿大，乳汁变稀，混有絮状或粒状物。严重时乳汁呈淡黄色水样或红色水样黏性液。同时可出现不同程度的全身症状，表现食欲减退，反刍停滞；体温升高，呼吸和心跳加快，眼结膜潮红。

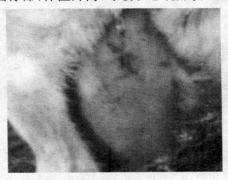

图 4-60　患病乳房肿胀、潮红

②慢性乳腺炎　多因急性型未彻底治愈而引起。一般没有全身症状，患病乳区组织弹性降低、僵硬；触诊乳房时，发现大小不等的硬块；乳汁稀、清淡，泌乳量显著减少，乳汁中混有粒状或絮状凝块。

（2）预防与治疗

挤奶前要用温水将乳房及乳头洗净，用干毛巾擦干；挤完奶后，用 0.05％新洁尔灭擦拭乳头；改善羊圈的卫生条件，使乳房经常保持清洁；怀孕后期不要停奶过急，停奶后将抗生素注入每个乳头管内；乳用羊要定时挤奶，一般每天挤奶 3 次为宜；产奶特别多而羔羊吃不完时,可人工将剩奶挤出和减少精料;分娩前如乳房过度肿胀,应减少精料及多汁饲料。治疗时可用青霉素 40 万 IU,蒸馏水 20 mL,用乳头管针头通过乳头 2 次注入,2 次/d,注射前应用酒精棉球消毒乳头,并挤出乳房内乳汁,注射后要按摩乳房;乳腺炎初期可用冷敷,中后期用热敷;也可用 10％鱼石脂酒精或10％鱼石脂软膏外敷。

8.羊子宫内膜炎怎么诊治?

羊子宫内膜炎为母羊子宫黏膜发炎,是常见的母羊生殖器官疾病,也是导致母羊不孕的重要因素之一。

（1）症状与诊断

急性子宫内膜炎,多发生在母羊产后 5～6 d,母羊食欲减退,泌乳量减少,精神不振,体温升高,反刍紊乱,弓背,努责,阴户内排出大量带有腥味的恶露,颜色呈暗红色或棕色,卧下时排出的量较多,常见尾巴上黏附大量脓性分泌物。慢性子宫内膜炎,常无明显的全身症状,主要表现为从阴户不定期排出透明或浑浊或脓性絮状物,母羊可多次发情或不发情,屡配不孕,如不及时治疗,可发展为子宫坏死,进而继发其他器官感染,造成全身症状加剧,引起败血症或脓毒性败血症。

（2）预防与治疗

①肌肉注射雌二醇 1～3 mg,便于子宫内污物的及时排出。

②向子宫内灌注 1％的过氧化氢溶液 300 mL,稍候用虹吸法将子宫内的消毒液排出,再向子宫内注入碘甘油 3 mL,1 次/d。

③使用恩诺沙星注射液,2.5 mg/kg 体重,肌肉注射,1 次/d,连续注射 3～5 d。

9.羊肺炎怎么诊治?

绵羊与山羊均可患肺炎,以绵羊引起的损失较大,尤其是羔羊。羊多因感染病原体抵抗力下降,气候剧烈变化而引起,异物入肺、肺寄生虫等也是发病的诱因。

（1）症状与诊断

初发病时精神迟钝，食欲减退，体温上升达 40～42℃，寒战，呼吸加快。眼、鼻黏膜变红，常发出干而痛苦的咳嗽音，以后呼吸更加困难，有的两侧鼻孔流出铁锈色鼻液，直至死亡，死亡常在 1 周左右。尸体剖检，常见心尖右倾向内凹陷。

（2）预防与治疗

可肌肉注射青霉素或链霉素，同时口服或静脉注射磺胺类药物；也可用四环素 50 万 IU，糖盐水 100 mL，静脉注射，2 次/d，连用 3～4 d；卡那霉素 100 万 IU，肌肉注射，2 次/d，连用 3～4 d。同时，根据羊只的不同表现，采用相应的对症疗法。

10.羊瘤胃酸中毒怎么诊治？

瘤胃酸中毒是因羊采食过量谷物饲料而引起的瘤胃内乳酸增多，进而导致以前胃炎症为主的全身性酸中毒病。

（1）症状与诊断

病初兴奋后转为沉郁，亦见有视觉迷乱、盲目运动者。食欲、反刍减少，很快废绝，瘤胃蠕动变弱，很快停止。目光无神，眼结膜充血，眼窝下陷，皮肤丧失弹性，呈现严重脱水症状；体温正常或升高，心律和呼吸加快，左腹部膨胀、用手触之，感到瘤胃内容物较软，犹如面团，病羊表现口渴，喜饮水，尿少或无尿，并伴有腹泻症状，有些伴有瘤胃炎和蹄叶炎。

（2）预防与治疗

病羊静脉注射 10％葡萄糖氯化钠 500～1 000 mL；5％碳酸氢钠 20～30 mL；肌肉注射青霉素 30 万～60 万 IU；当病羊中毒症状减轻，脱水症状缓解，而仍表现卧地不起者，可静脉注射葡萄糖酸钙 20～30 mL。

11.羊有机磷中毒怎么诊治?

羊有机磷中毒是由于接触或食入某种有机磷制剂引起羊中毒的疾病。

(1)症状与诊断

流泪,咬牙,瞳孔收缩,眼球颤动,个别羊严重拉稀,无食欲,反刍停止,全身发抖,步态不稳,卧倒在地全身麻痹,呼吸困难,有的窒息死亡。心跳和呼吸加快,体温正常。

(2)预防与治疗

阿托品皮下注射,剂量每只 2~4 mg,病情严重者可加大剂量,首次注射后隔 2 h 再注射一次,直到症状减轻为止;10%葡萄糖注射液 500 mL,碘解磷啶注射液 15 mg/kg,静脉滴注;2 h 后再静脉推注一次。

12.羊疯草中毒怎么诊治?

疯草中毒是由豆科植物中的棘豆属和黄芪属的一些植物(疯草)所引起多种家畜的中毒性疾病。绵羊和山羊最为敏感,主要表现为运动障碍、衰竭、流产或胎儿畸形。该病主要发生在我国内蒙古和甘肃、青海等西北牧区。

(1)症状与诊断

本病呈慢性经过,初期羊上膘较快,中毒后则喜食疯草,长时间后营养状况下降,体温正常或略低。羊食疯草后病初表现精神沉郁,离群呆立,视觉障碍,四肢无力,运动障碍(图 4-61),因后肢不灵活,驱赶时后躯常向一侧歪斜,严重时机体麻痹,卧地,最终衰竭死亡,妊娠羊出现流产(图 4-62)或胎儿畸形。

(2)预防与治疗

①禁止在疯草特别多的草场上放牧。用除草剂灭草,如使它隆、百草敌等单独或配合使用,对疯草有很好的杀灭作用。合理轮牧,在有疯草的草场放牧 10~15 d,在无疯草或疯草很少的草场上

图 4-61　瘫痪、起立困难

图 4-62　流产胎儿

放牧 10～15 d 或更长一点时间。如此反复，可以避免中毒。

②目前尚无有效治疗方法。发病早期应严禁病羊继续采食疯草，及时转移到无疯草的安全牧场放牧，并给予盐类泻剂以排出毒物，一般可不药而愈。后期静脉注射 25％葡萄糖溶液 500～1 000 mL、15％硫代硫酸钠溶液 40 mL。也可用 2％盐酸毛果芸香碱溶液皮下注射 20～40 mg，1 次/d。

13. 羊萱草根中毒怎么诊治？

萱草根中毒即有毒的黄花菜根引起羊的中毒，俗称"瞎眼病"。这是一种以脑、脊髓白质软化和视神经变性坏死为主要特征的全身性中毒疾病。萱草俗称黄花菜或金针菜，能引起中毒的有北萱草、小萱草、童氏萱草和萱草。其中以北萱草中毒最常见。本病在我国多发生于萱草分布密集的甘肃、青海、陕西、河南、内蒙古及浙江等地。

（1）症状与诊断

羊在采食萱草根后 2～3 d 发病，主要临床表现为：食欲减退或废绝，呆立、磨牙、震颤。以后双侧瞳孔散大，双目失明，并出现运动障碍，甚至瘫痪。病理变化主要表现体腔积液，心扩张，心内、外膜和心肌出血；肾脏灰红色，偶见出血点；膀胱黏膜出血，伴有较多橘红色尿液积留;软脑膜充血、出血,脑室积液;视网膜充血、出血;乳头肿大、突出,呈灰白色,双侧视神经局部质软色暗、变细,或萎缩,呈断裂状。根据发病季节,病羊有刨食萱草根的病史,结合瞳孔散大、双目失明和瘫痪等症状,即可做出初步诊断。

(2)预防与治疗

本病以预防为主,每年在冬末春初的枯草季节,严禁在萱草密生地区放牧。在萱草零星生长的地区,可采用人工挖除的方法清除萱草。应储存足量的冬草补饲,以便在枯草季节减少放牧时间;或在放牧前事先补饲一定量的干草,以减少羊对萱草根的刨食。本病目前尚无特效疗法,只能进行一般性对症治疗,加强护理。对已经失明的病羊,应考虑及早淘汰。

14. 羊氢氰酸中毒怎么诊治?

氢氰酸中毒是由于羊采食富含氰苷糖苷的青饲料,在体内产生氢氰酸,使细胞呼吸功能受阻而发生的疾病。常因采食玉米苗、高果苗、胡麻苗、豌豆苗、三叶草、杏仁、桃仁等均可引起本病。

(1)症状与诊断

采食上述饲料后 15~20 min 即可发病,表现腹痛不安,瘤胃臌气,呼吸加快,可视黏膜潮红,口吐白沫,先兴奋后沉郁,走路不稳或倒地。严重时体温下降,后肢麻痹,肌肉震颤,瞳孔散大,全身反射减弱或消失,心跳减弱,呼吸浅微,最终昏迷死亡。尸僵不全,尸体不易腐败,血液鲜红、凝固不良。呼吸道、消化道黏膜充血、出血,心包积液,心内、外膜出血,肺水肿,气管、支气管充满红色泡沫状液体,胃内容物散发苦杏仁味。根据有食入含氰苷植物或氰化物史,主要症状和病变可对本病做诊断,必要时进行毒物检测。

(2)预防与治疗

防止在有氰苷植物的地方放牧。若用含氰苷的饲料喂羊时应先加工调制。对发病羊可速用亚硝酸钠 0.2 g,配成 5%溶液静脉注射,然后用 10%硫代硫酸钠溶液 10~20 mL 静脉注射。

五、效 益 分 析

(一)认知羊场经营模式及周转管理

随着养羊业规模化和专业化程度的不断提高,使专业化程度不仅具有相当大的规模和饲养管理的高水平,实现养羊产品的标准化和规范化,而且使羊产品逐步实现生产、加工、销售一体化的经济。最终以较低的生产成本、优良的产品质量和较高的劳动生产率将得到高的经济效益。

1.羊场的分类与主要生产任务有哪些?

羊场按照其生产任务和目的可分为:育种场、种羊场和商品羊场。

(1)育种场

育种场指以选育和提高品种为目的的羊场,为种羊场和商品羊场提供优质的种羊品种。育种场必须具备完整的育种制度,详细完整的育种记录体系,基础母羊中特级和一级羊所占比例应不低于 80%。育种场对技术条件和生产管理水平要求很高,一般都由国家的相关部门计划和筹建。

(2)种羊场

种羊场指以繁殖种羊和提高种羊品质为主,使用的种公羊必须育种场的特级和一级的亲代、并经过后裔测定的特级个体。基础母羊群主要由特级和一级羊组成,具有若干个各具特点的品系。向外推广的种羊应该是特级和一级羊。

（3）商品羊场

商品羊场指生产数量多、质量好、成本低的羊毛、羊肉、羊乳、羊皮以及其他产品的羊场。有条件的商品羊场也可以有自己的种羊群，但最好是引进种羊场的优秀种公羊。

2. 规模化肉羊生产的经营形式及特点是什么？

（1）规模肉羊生产的特点

①经营规模较大　目前我国农村家庭养羊数量较少，主要是利用老弱闲散劳动力附带经营，虽然投资少，技术要求不高，承担风险不大，但生产力太低，经济效益很差。为此，必须增加养羊数量，扩大养羊规模，充分利用草场资源，发挥劳动力和设备条件的潜力，以取得适度规模养羊生产的最大效益。

②生产方向专业化　为了达到养羊产品的优质高产，实现产品的标准化和规格化。规模化养羊应根据当地的自然生态条件、饲养管理基础设施和商品市场对养羊产品的需求，选择生产性能高、最适合的绵山羊品种类型，建成生产方向较专一的养羊专业户，如奶山羊专业户、绒山羊专业户、细毛羊或半细毛羊专业户、种羊繁育专业户、肉羊生产专业户等。

③经营管理集约化　专业化规模养羊开始阶段，因资金不足和技术条件的限制，劳动力投入较多，劳动时间较长，这是劳动集约经营的形式。随着饲养规模的逐渐扩大，积累的资金增多，养羊设施逐步改善，饲养管理水平也不断提高，劳动强度随之减轻，由劳动集约经营向技术集约经营发展，劳动生产率将会得到较大程度的提高，养羊的经济效益就会越来越显著。

④养羊生产企业化、现代化　专业化规模养羊生产由低级阶段逐步发展到商品生产的最高水平，建立养羊产业化工程。专业化养羊生产不仅具有相当大的规模和饲养管理的高水平，实现养羊产品的标准化和规范化，而且毛、肉、奶、皮等产品逐步实现生产、加工、销售一体化的龙形经济。最终以较低的生产成本、优良

的产品质量和较高的劳动生产率,成为社会主义商品生产的一个组成部分。

(2)规模养羊的经营形式

①独立自营养羊专业户 一个家庭自主投资、贷款引进种羊,或利用自家原有的羊群,充分利用当地的草场或农副产品进行放牧或舍饲饲养。该模式羊群的饲养数量较少,产品的数量也不大,自身经济实力薄弱,技术力量不足,先进的技术设备也很难有效利用,因此,经营风险相对较大。

②合股经营养羊专业联户 由多个家庭自愿联合组成,各家羊群进行估价入股或直接集资入股购买羊群,共同经营生产、投股分红。该方式能够形成一定的规模,羊群可以按种公羊、繁殖母羊、后备羊、商品羊等分别建群,产品集中运销或加工,设施设备的利用较高,在一定的发展基础上,可以扩大再生产。

③产业化养羊联合企业 产业化养羊联合企业是农村规模化养羊的高级组织形式,是集养羊生产、产品的初加工、销售管理等一体化的联合经营企业。联合养殖企业由于饲养的品种优良,设施设备先进,故可以实行科学合理的饲养管理和疾病的防治,能够结合国家相关的标准和技术规程进行毛、肉、奶、皮的生产与加工,提高了产品的质量和销售服务,具有一定的社会效益,可实现种、养、加一体化,产、供、销一条龙的生产。

3.如何进行羊群的周转管理?

一个羊场要保持良好的经济效益,必须要随着羊群年龄和生产性能的变化,经常对羊群进行补充和淘汰,以保持羊群的高繁殖力。因此,羊场的生产管理者,应时刻掌握羊群的年龄结构、繁殖能力、健康状态等方面的变化动态,安排好羊群的合理周转。

羊群周转管理主要依据羊群结构进行规划。羊群周转计划必须根据产量计划的需要来制定。羊群周转计划的制定应依据不同的饲养方式、羊的生产工艺流程(图 5-1)、羊舍的设施设备条件、生产技术水平,最大限度地提高设施设备利用率和生产技术水平,以获得最佳经济效益为目标进行编制。首先要确定羊场年初、年终的羊群结构及各月各类羊的饲养只数,并计算出"全年平均饲养只数"和"全年饲养只日数"。同时还要确定羊(种)群淘汰、补充的数量,并根据生产指标确定各月淘汰率和数量。具体推算程序为:根据全年肉(种)。羊产品产量分月计划,倒推出相应的肉(种)羊饲养计划,并以此推算出羔羊生产与饲养计划、繁殖公、母羊饲养计划,从而完成周转计划的编制(表 5-1)。

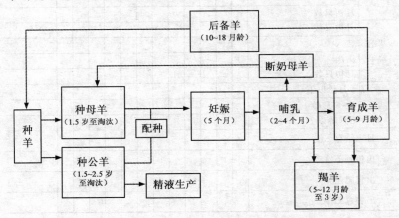

图 5-1　羊的生产工艺流程

表 5-1　羊群周转计划表

羊群类型		上年末结存数	月份												计划年度末结存数量
			1	2	3	4	5	6	7	8	9	10	11	12	
哺乳羔羊															
育成羊															
后备母羊	月初只数														
	转入														
	转出														
	淘汰														

续表 5-1

羊群类型		上年末结存数	月份													计划年度末结存数量
			1	2	3	4	5	6	7	8	9	10	11	12	
后备公羊	月初只数															
	转入															
	转出															
	淘汰															
基础母羊	月初只数															
	转入															
	淘汰															
	月初只数															
基础公羊	月初只数															
	转入															
	淘汰															
	月初只数															
育肥羊	4月龄以下															
	5～6月龄															
	7月龄以上															
月末结存																
出售种羊																
出售肥羔																
出售育肥羊																

（1）种羊场

种羊场以出售种羊为主,其生产规模的大小应依据资金、草场、羊舍等条件以及市场的需求量等确定养羊规模。羊群的结构为:经产母羊(2～5 岁)应占羊群总数的 60%～65%,老龄母羊(6 岁以上)占羊群总数的 5%～10%,后备母羊(0.5～1.5 岁)占羊群总数的 25%～30%,羔羊(0～4 月龄)占羊群总数的 10%～15%;采用自然交配时,成年公羊应占 3%～4%,后备公羊占1%～2%,羯羊不超过 10%;若实行人工授精,种公羊数量还可以减少,繁殖母羊的比例增加。

（2）商品肉羊场

为提高出栏率,加快羊群周转,繁殖母羊的比例应占 70%～80%上,其中 2～5 岁壮龄母羊应占绝繁殖母羊群的 60%～70%。采用本交时公母比例为 1：（30～50）,人工授精时 1：（500～1 000）。羔羊产出后经育肥尽快出栏,不要超过 1 周岁,以生产6～8 月龄肥羔为好。

4.怎样确定羊场的生产规模和生产工艺?

（1）羊场的饲养规模

羊场的饲养规模一般是指饲养种羊或育肥羊数量的多少。羊场通过选用优良的种羊,饲喂优质粗饲料和精料补充饲料,并提供适宜的环境条件,执行严格的防疫等措施,实行高效益养羊,最终获得较高的经济效益。因此,需要有一定的资金、技术和设备等条件来保证。

①确定饲养规模的原则。

平衡原则:指生产者要使羊群的饲养数量与饲料供给量相平衡,避免料多羊少或羊多料少等情况的发生。生产中要求每月供应的饲料种类及饲料数量与当月的羊群数量及饲料需求量相平衡,避免季节性饲料不足的现象发生。

充分利用原则:各种生产要素都要充分地加以利用。要把最少的生产要素(羊舍、资金、劳力)耗费转化为最大经济效益的生产规模列入计划,即最大限度地利用现有的生产条件。

以销定产原则:生产的目标应与销售的目标相一致,生产计划应为销售计划服务,坚持以销定产,避免以产定销。要以生产为核心,以盈利为目标,以销售额为结果,全面地安排各个阶段的规模和任务。

②确定饲养规模的依据。一个肉羊场应根据实际条件在确定养羊生产经营目标之后,还必须确定羊只饲养数量的具体目标,即确定饲养规模。养羊生产的规模受多种因素制约,这些因素大体

分为两类,一类属于经营问题,如土地面积、饲料资源,羊舍数量,资金情况,劳动力及周围环境条件等;一类属于技术问题,如生产工艺、种羊质量、设施设备及饲养管理水平高低等。这些因素相互交错,相互影响,是肉羊场总体经营中不可忽视的因素。

根据生产资源确定规模:生产资源如土地面积的大小、资金的多少等,是养羊饲养规模确定的决定性因素。羊的饲养规模直接体现对资金和羊栏利用效率的高低,利用率高,则成本低,反之则然。例如,育肥羊舍每栏 15 m² 造价为 5 250 元,可养 15～18 只肉羊,一年养两批共 30～36 只,以折旧费、资金利息、维修费等共为造价的 10% 计,每只羊的栏位费用为 15～18 元。但如果一个羊栏只养 10 只,一年养 20 只肉羊,则一只羊的栏位费为 26 元。所以在现有生产资源的基础上,确立合理的经营规模,提高设施、资金等的利用率和周转率,降低劳动消耗,采取科学的饲养管理技术,这是获取高效益的关键。

根据预期目标确定规模:这是规模化羊场饲养规模确定的重要方法。在肉羊养殖企业的生产投资中,必须对市场进行全面的分析和调查,做好单位产品的利润测算,认真设计合理的羊只饲养规模。由于大部分养羊企业采用贷款投资的方式,这就涉及必须在一定期限内用所获利润进行还贷的问题。因此,在投资总额确定的情况下,养羊企业应根据单位产品的预期利润和投入资金的回收年限,合理确定羊的饲养规模。在标准化肉羊生产中,虽然投资较高,但它的生产效率高,仍然可以获得高的经济效益。

③确定饲养规模的方法。肉羊场的饲养规模是指在养羊生产正常运营的情况下,肉羊场年出栏商品肉羊的只数,如千只羊场、万只羊场等多种规模,通常称规模 1 000～2 000 只的羊场为小型养羊场,2 000～5 000 只为中型养羊场,5 000 只以上为大型养羊场。规模超过 10 000 只时宜分场建设,以免给疫病防治、环境控制和粪污处理等带来不便。研究与实践证明,羊场只有经营方向对只,饲养规模适度,才能达到资源、生产与目标的最佳配置,进而

取得最佳效益。

a. 生产资源规划法:运用生产资源规划法确定羊的最佳饲养规模时,必须掌握以下资料:一是几种有限资源的供应量;二是利用有限资源能够从事的生产项目;三是某一生产方向的单位产品所要消耗的各种资源数量;四是单位主产品的价格、成本及收益。

例如,2012 年某肉羊场投资建设时预计种羊和肉羊的直接生产成本(饲料费、防疫费、兽药费、饲养员工资等)为 150 万元,羊舍占用土地面积为 3 000 m²,生产方向为种、肉羊综合生产。按市场价格计算,每只育肥羊需资金 900 元,占用羊舍面积 0.8 m²/只;每只种母羊饲养一年需资金 1 000 元,占用羊舍面积 6 m²/只(公、母羊取一致),公母比例为 1:25;肉羊按年育肥两批计算,每只肉羊可获利 200 元;母羊按年产 1.5 窝计,每只母羊可获利 650 元。根据以上资料设计该羊场收益最大时的最佳饲养规模。

b. 整理归纳资料(表 5-2)。

表 5-2　已知资料表

项目	资金消耗	占用羊舍面积	每只羊收益
肉羊	900 元/只	0.8 m²/只	200 元/只
种母羊	1 000 元/只	6.0 m²/只	650 元/只
最大资源数	150 万元	3 000 m²	

由于种羊公、母比例为 1:25,可将公羊资金消耗及占用羊舍面积加入到母羊消耗中去,即每只母羊的资金消耗为 $1\ 000 + 1\ 000 \times 1/25 = 1\ 040$ 元;每只母羊占用羊舍面积为 $6 + 6 \times 1/25 = 6.24$ m²/只。

c. 建立目标函数和约束方程。设育肥羊饲养量为 x 只,种羊饲养量为 y 只,z 为一年所获收益,则目标函数为:$z = 2 \times 200x + 650y$。而约束方程为:

$900x + 1\ 040y \leqslant 1\ 500\ 000$;$0.8x + 6.24y \leqslant 3\ 000$。因 x、y 为饲养量,只能为 0 或正数,故 $x \geqslant 0$,$y \geqslant 0$。

c.用图解法解出使目标函数为最大时的 x 和 y 值。

建立直角坐标系(图 5-2)。

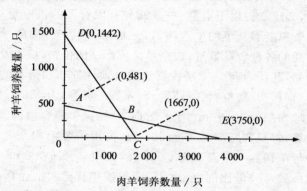

图 5-2　种羊与肉羊饲养只数线性分析图

根据方程 $900x+1\,040y=1\,500\,000$ 做出直线 DC,如图 5-2 所示。

令 $x=0$,得 $y=1\,442$,得点 $D(0,1\,442)$;

令 $y=0$,得 $x=1\,667$,得点 $C(1\,667,0)$

根据方程 $0.8x+6.24y=3\,000$ 作出直线 AE,如图 5-1 所示。

令 $x=0$,得 $y=481$,得到点 $A(0,481)$,令 $y=0$,得 $x=3\,750$,得到点 $E(3\,750,0)$。

d.图形分析。由于 $x\geqslant0$,$y\geqslant0$,x 和 y 值应都在第一象限。在该条件下,图中满足约束方程的公共区域是 $OABC$,即 x 和 y 在此区域内取值。分析如下:

在△ABD 范围内,有资金而无羊舍。

在△BCE 范围内,有羊舍而无资金。

在 D、B、E 三点以外的范围中,既无资金,又无羊舍。

以上三种情况都不能使羊场生产正常运转,只有在四边形 $OABC$ 区域内取值,生产才是可行的。但要使目标函数最大,应取四边形上凸点的值,其中原点的 z 值为 0,A、B、C 三点是生产状态,但 z 值大小不一,取值代入方程 $z = 2 \times 200x + 650y$。则:

A 点 z 值为:$2 \times 200 \times 0 + 650 \times 481 = 312\ 650$(元)

C 点 z 值为:$2 \times 200 \times 1\ 667 + 650 \times 0 = 666\ 800$(元)

B 点 z 值则由联立方程组求解所得:

$900X + 1\ 040Y = 1\ 500\ 000$

$0.8X + 6.24Y = 3\ 000$

解出:$X = 1\ 304$　　　　　$Y = 314$

则 Z 值为:$2 \times 200 \times 1\ 304 + 650 \times 314 = 725\ 700$(元)

比较 A、B、C 三点 Z 值,可知 B 点 z 值最大,即肉羊每批饲养 1 304 只,种羊饲养 314 只(含公、母羊)时,该场收益最大。若按公、母比例 1:25 计,则 314 只种羊内应饲养种母羊 302 只,种公羊 12 只。

(2)羊场生产技术指标

羊场的生产技术指标包括情期受胎率、配种分娩率、胎均活产羔羊数、胎均断奶成活羔羊、出生重、哺乳期成活率等多项指标(表 5-3)。

表 5-3　羊场生产技术指标

项目	指标	项目	指标
配种分娩率	90%	哺乳期(周)	8
胎均活产羔羊	2 只	断奶期(周)	9
胎均断奶成活羔羊	1.8 只	成活率(%)	
出生重	1.5~3.5 kg	哺乳期成活率	90%
60 日龄个体重	10 kg	断奶期成活率	96%
180 日龄个体重	30~40 kg	育成期成活率	99%
母羊产羔周期(d)	230	全期成活率	86%

(3)羊场生产工艺流程

羊场生产线(300 母羊为例)以周为生产节律,采用工厂化流水作业均衡生产方式,全过程分为四个生产环节。按下列工艺流程图示进行(图 5-3)。

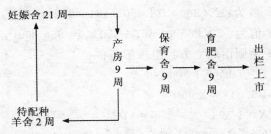

图 5-3　羊的生产线工艺流程

①待配母羊阶段　在配种舍内饲养包括空怀、后备、断奶母羊。300 只基础母羊生产线每 2 周参加配种的母羊 20 只,后备母羊 60 只,共计需 80 只栏位。

②母羊妊娠前期阶段　该阶段为 17 周,(繁殖周期为 33 周),此阶段母羊数为 155 只(17/33×300)。

③母羊妊娠后期阶段　该阶段为 4 周,母羊数为 37 只。

④母羊产羔阶段　母羊按预产期进分娩舍产羔,在分娩舍内 10 周(临产 1 周,哺乳 9 周),羔羊平均 60d 断奶。此哺乳阶段母羊数为 90 只(10/33×300)。母羊断奶当天转入配种舍,羔羊立即转入保育舍。如果有母羊产羔少、哺乳能力差等特殊情况,可将羔羊进行寄养或并窝,这样不负担哺乳的母羊可提前转回配种舍等待配种或考虑淘汰。

⑤断奶阶段　饲养 8 周,合计断奶期保育羊数为 150 只。

⑥育肥阶段　120 日龄至 180 日龄,饲养 8～9 周,合计育肥羊数 150 只。

(4)羊场存栏结构计算方法

妊娠母羊数＝周配种母羊数×妊娠周数

临产母羊数＝周分娩母羊数

哺乳母羊数=周分娩母羊数×8周

空怀断奶母羊数=周断奶母羊数×2周

成年公羊数=周配母羊数×2÷3(公羊周使用次数)

断奶羔羊数=周断奶数×9周

育成羊数=周保育成活数×9周

年上市肉羊数=周分娩胎数×52周×2只/胎

举例:某肉羊场饲养300只基础母羊,其羊群存栏的计算:

①妊娠母羊数=周配种母羊数×20周=200只

②临产母羊数=周分娩母羊数=9只

③哺乳母羊数=周分娩母羊数×8周=72只

④空怀断奶母羊数=周断奶母羊数×2周=19只

⑤成年公羊数=周配母羊数×2÷3(公羊周使用次数)=6只

⑥断奶羔羊数=周断奶数×9周=140只

⑦育成羊数=周保育成活数×9周=134只

⑧年上市肉羊数=周分娩胎数×52周×2只/胎=780只

⑨后备母羊数=60只、后备公羊=2只、羔羊数=156只

其满负荷羊群存栏数量见表5-4。

表5-4　300基础母羊满负荷羊群存栏数量

基础母羊数	300 只		
	周	月	年
满负荷配种母羊数	10	44	520
满负荷分娩胎数	9	39	468
满负荷活产羔羊数	18	78	936
满负荷断奶羔羊数	16	70	832
满负荷保育成活数	15.5	67	806
满负荷上市肉羊数	15	65	780

注:以周为节律,一年按52周计算,按基础母羊300只计划。

(二)羊场成本核算与效益分析

分析羊场经济效益时应考虑哪些问题？

（1）生产成本

①固定成本　房屋、圈舍和饲养管理设备设施折旧费；取暖费用；管理机构费用；各种维修费用；土地租用开支；种养开支或折旧。

②可变费用　饲草饲料、引种、饲养、临时劳力、水电和防疫治疗等各项开支。

（2）收入构成

养羊业的收入主要有：出栏羊数（包括种羊数）、羊肉产量、羊毛收入、羊皮收入和羊粪收入等，大多数是直接的、可变的收入。

（3）羊场的成本核算与效益分析

①成本与费用的构成

A.产品成本

a.直接材料：指构成产品实体或有助于产品形成的原料和材料。包括养羊生产中实际消耗的粗饲料、精饲料、矿物质饲料等饲料费用（如需外购，在采购中的运输费用和其他费用也列入饲料费中），以及饲料粉碎和加工调制等耗用的燃料动力费等。

b.直接工资：包括饲养员、放牧员、挤奶员等人员的工资、奖金、津贴和福利费等。如果是专业户养羊，也应该根据具体情况对人员工资、福利等做出估计费用。

c.其他直接支出：包括医药费、防疫费、羊舍折旧费、专用机器设备折旧费、种羊摊销费等。医药费指所有羊只耗用的药品费和能直接计入的医疗费。种羊摊销费指自繁羔羊应负担的种羊摊销费，包括种公羊和种母羊，即种羊的折旧费用。公羊从能授配开始计算摊销，母羊从产羔开始计算摊销。其计算公式为：

种羊摊销费(元/年)＝(种羊原值－残值)/使用年限

d.制造费用:指羊场为组织和管理生产所产生的各项费用。包括生产人员的工资、办公费、差旅费、保险费、低值易耗品、修理费、租赁费、取暖费、水电费、运输费、试验检验费、低值易耗品、劳动保护费以及其他制造费用。

B.期间费用

期间费用是指在生产经营过程中发生的,与产品生产活动没有直接联系,属于某一时期耗用的费用。期间费用不计入产品成本,直接计入当期损益,期末从销售收入中全部扣除。期间费用包括:管理费用、财务费用和销售费用。

a.管理费用:指管理人员的工资、福利费、差旅费、办公费、折旧费、物料消耗费用等,以及劳动保险费、技术转让费、无形资产摊销、招待费、坏账损失,及其他管理费用等。

b.财务费用:包括生产经营期间发生的利息支出、汇兑净损失、金融机构手续费,以及其他财务费用。

c.销售费用:指在销售羊产品或其他产品、自制半成品和提供劳务等过程中发生的各项费用。包括运输费、包装费、保险费、装卸费、广告费、代销手续费、展览费等,或者还包括专业销售人员的费用。

②成本核算　羊场的成本核算,可以是一年计算一次成本,也可以是一批计算一次成本。成本核算必须要有详细的收入和支出记录,主要内容有:

A.支出部分　包括管理费用、财务费用和销售费用等内容。

B.收入部分　包括羊毛、羊肉、羊皮、羊奶、羊绒等产品的销售收入,出售种羊、肉羊的收入,产品加工增值的收入,羊粪尿及加工副产品的收入等。

在做好以上记录的基础上,一般小规模羊场可按下列公式计算总成本。

养羊生产总成本＝工资支出（劳动力）＋固定资产折旧费＋草料消耗支出＋羊群防疫医疗费＋各项税费等

较大规模的羊场除计算总成本外，为了仔细分析某项产品经营成果的好坏，还可以计算单项成本。现列举以下公式说明：

每千克羊奶生产成本＝全群奶山羊生产总成本－副产品收入/全年总产奶量

每千克羊毛生产成本＝全群生产总成本－副产品收入/全群年总产毛量

每只育成公羊生产成本＝断奶羔羊生产成本＋育成期生产成本－副产品收入/全年出育成公羊总数

每只肉羊生产成本＝肉羊群生产总成本－副产品收入/全年出栏肉羊总数

上式中副产品收入是指除主产品以外的其他养羊收入，如淘汰死亡收入、粪尿收入。

③经济效益分析　养羊生产的经济效益，用投入产出进行比较，分析的指标有总净值、净产值、盈利额、利润额等。

A. 总产值　是指各项养羊生产的总收入，包括销售产品（毛、肉、皮、奶、绒）的收入、自食自用产品的收入、出售种羊肉羊、淘汰死亡收入、羊群存栏折价收入等。

B. 净产值　是指专业户通过养羊生产创造的价值，计算的原则是用总产值减去养羊人工费、草料消耗费用、医疗费用等。

C. 盈利额　是指专业户养羊生产创造的剩余价值，是总产值中扣除生产成本后的剩余部分。其计算公式为：

$$盈利额＝总产值－养羊生产总成本$$

D. 利润额　指专业户生产创造的剩余价值（盈利）并不是专业户应得全部利润，还必须尽一定义务，向国家缴纳一定比例的税金和向地方（乡或村）缴纳有关生产管理和公益事业建设费用，余下的才是专业户为自身创造的经济价值。

养羊生产利润＝养羊生产盈利－税金－其他费用

【案例分析】

某肉羊场饲养1 000只基础母羊利润收入

一、案例介绍

某肉羊场饲养1000只基础母羊,需要40只种公羊配种,养殖成本按900元/只/年计算,饲养人员10名。试结合相关知识分析高肉羊场利润收入。

二、案例分析

按年自繁自养1000只母羊,年出栏3500只羔羊计算。

1.育肥羊饲料成本

育肥羊150 d需要干草:$1.25×150×3\,500=656\,250$(kg),$0.5×656\,250=328\,125$(元)(干草费用)。

需精料:$1×150×3\,500=525\,000$(kg),$525\,000×2.3=1\,207\,500$(元)(精料费用)

2.母羊饲料成本

1 000只母羊全年365 d的饲料 干草$1.6×365×1\,000=584\,000$(kg),$0.5×584\,000=292\,000$(元)(干草)。

需精料:$0.25×365×1\,000=91\,000$(kg),$91\,000×3=273\,000$(元)(精料)

3.种公羊饲料成本

40只种公羊的饲料 干草$1.6×365×40=23\,360$(kg),$0.5×23\,360=11\,680$(元)(干草)。

需精料:$0.5×365×40=7\,300$(kg),$7\,300×3=21\,900$(元)(精料)

共计干草1 263 610kg,合计631 805元;精料623 300 kg,合计1 502 400元;即饲料总成本213.42万元。

4. 销售额

整个销售额为 3 500×55×22＝423.5 万元, 减去饲料成本 213.42 万元, 工资 36 万元, 水电 3.6 万元, 医药免疫 5 万元, 其他 3 万元, 不贷款, 不租地可以产生利润 162.48 万元左右, 纯利润为销售收入的 38.4%。

现实养殖过程中还有许多费用支出的地方: 人工伙食, 劳保, 工作服, 常用工具, 驱虫药, 健胃药, 疫苗, 药浴, 食盐, 钙添加剂, 修补羊舍, 种羊使用年限平均分配。

养羊 70% 的成本在饲料上, 所以要想多创造效益就应降低饲料成本, 提高粗饲料的质量, 降低精料用量, 通过降低成本可以提高效益, 且在市场低迷时不被淘汰, 自己种植牧草时要考虑用工成本, 最好使用现代化机械批量作业, 养殖场区布局, 羊舍建设标准牢固, 设备工具齐全时两名工人实际可以管理 200 只基础母羊及所产羔羊, 如此节约使用工成本。

5. 其他收入

1 040 只基础羊毛收入: 2 kg×1 040×12 元＝24 960 元, 羊群一年羊粪可以联系卖给有机肥厂, 花卉市场, 农户, 收入不定。

羔羊中一半母羔, 4～5 月龄时, 以种羊出售可提高利润 20% 以上, 选育优质公羊当作种公羊留种或出售利润更高。

6. 种羊投资

1 000 只母羊×1 200 元/只＝种母羊投资 1 200 000 元

40 只公羊×3 000 元/只＝种公羊投资 120 000 元。

合计种羊投资为: 1 320 000 元。

种羊总投资/5 年＝每年种羊总摊销＝264 000 元/年

作为种羊投资使用年限为 5 年, 每年种羊成本 26.4 万元, 但是与工业设备不同, 五年后淘汰种羊可按商品肉羊出售, 每只按照 900 元, 总计 1 040×1 200＝1 248 000 元, 平均到每年后与每年种羊成本可互相抵消, 因此核算中未出现种羊投入成本。

所有数据均未算每年固定资产总摊销。

7.基础建设总造价

500 只基础母羊,净舍面积为 500 m²;周转羊舍(羔羊、育成羊),净舍面积为 1 250 m²;25 只公羊,净舍面积为 50 m²;合计:500 m²＋1 250 m²＋50 m²＝1 800 m²×造价/m²＝羊舍总造价

羊舍造价:1 000 只基础母羊,净羊舍 1 000 m²;周转羊舍(羔羊,育肥羊)2 500 m²;40 只种公羊 100 m² 公羊舍。合计 3 600 m²。

360 m²×造价/m²＝羊舍总造价

青贮池总造价:2 300 m³×造价/m²,宽度 5 m,高度 3 m,长度自定。

干草棚及饲料加工车间总造价:100 m²×造价/m²

8.设备机械及运输车辆投资

饲料设备:铡草机,秸秆粉碎机,颗粒饲料机,其他饲料机械。兽医药械费用,变压器等机电设备费用,运输车辆费用。合计为设备机械及运输车辆总费用。

每年固定资产总摊销＝(基础建设总造价＋设备机械及运输车辆总费用)/10 年。

9.单纯育肥利润

单纯育肥按月存栏 200 只计算,每只日增重 250 g,2 个月出栏,每年 10 个月,每个月进销各 100 只,毛利润:200 只×250 g/d×300 d×22 元/kg＝330 000 元,减去食疗,利息,工资,水电,租金,防疫医药费 1 万元(1 000 只),

纯利润:330 000－(175 500＋18 000＋36 000＋72 000＋10 000)＝80 100(元)。

若不贷款有场地,可收益 101 300 元。

相当于 1 000 只羔羊,育肥 60 d。

需干草:1.25×60×1 000＝75 000(kg),0.5×75 000＝37 500(元)(干草费用)

需精料:1×60×1 000＝60 000(kg),60 000×2.3＝128 000

（元）（精料费用）

合计 175 500 元。

由此可见，单纯育肥羔羊的利润比自繁自养风险小，周转快，通常情况下羔羊价格都略高于肉羊价格，因此实际利润可能小于计算结果，单纯育肥羔羊生长期短，没有羊毛产出，有羊粪产出。

这些仅是从肉羊的角度计算，其中母羔羊若按种羊销售利润更高，羊毛也可销售，羊粪自用或销售，实际生产中不同的养殖场数据亦不同。

青干草，草粉，花生秧粉等每千克为 0.5 元左右，自配精料 2.3 元/kg（也可买料价格一致）母羊，种公羊精料 3 元/kg，平均日需精料：育肥羔，干草 1.25 kg；种羊 1.6 kg。

精料：育肥羊 1 kg，母羊 0.25 kg，公羊 0.5 kg。

青干草与鲜草折算比为 1∶3.5，青干草与青贮料折算 1∶3，青贮饲料每立方米可储料 600 kg，和干物质 150 kg。

1 000 只基础母羊，按青贮料占冬春季一般的粗料，需 1 263 610÷2÷2÷150＝2 106 m³。即冬春两季需青贮料 2 106 m³，但前 9 个月无羔羊产出，因此初次建场不需要这么多饲料。

参 考 文 献

[1] 张英杰.规模化生态养羊技术.北京:中国农业大学出版社,
    2013.

[2] 道良佐.肉羊生产技术手册.北京:中国农业出版社,1996.

[3] 沈正达.养羊防治手册(修订版).北京:金盾出版社,2000.

[4] 贾志海.我国肉羊生产现状发展趋势及对策.中国草食动物,
    2000(4):28-30.

[5] 张居农,剡根强.高效养羊综合配套技术.北京:中国农业出版
    社,2001.

[6] 孟和.羊的生产与经营.北京:中国农业出版社,2001.

[7] 杨和平.牛羊生产.北京:中国农业出版社,2001.

[8] 丁洪涛.畜禽生产.北京:中国农业出版社,2001.

[9] 李国江.动物普通病.北京:中国农业出版社,2001.

[10] 赵有璋.羊生产学.北京:中国农业出版社,2002.

[11] 崔中林.奶山羊无公害养殖综合技术.北京:中国农业出版
     社,2002.

[12] 岳文斌,路建新.设施养羊新技术.北京:中国农业出版社,
     2002.

[13] 张英杰.绵羊舍饲半舍饲养殖技术.北京:中国农业科学技术
     出版社,2003.

[14] 任智慧.奶山羊品种介绍.养殖技术顾问,2003(2):5.

[15] 马月辉,等.科学养羊指南.北京:金盾出版社,2003.

[16] 薛慧文.肉羊无公害高效养殖.北京:金盾出版社,2003.

[17] 张世伟.辽宁绒山羊综合饲养配套技术.北京:中国农业出版社,2003.

[18] 许宗运.山羊舍饲半舍饲养殖技术.北京:中国农业科学技术出版社,2003.

[19] 赵有璋.现代中国养羊.北京:金盾出版社,2004.

[20] 卢泰安.养羊技术指导.北京:金盾出版社,2005.

[21] 刘凤华.安全优质肉羊的生产与加工.北京:中国农业出版社,2005.

[22] 李健文.奶山羊高效益饲养技术.北京:金盾出版社,2005.

[23] 李军尻.提高肉羊繁殖能力的综合措施.河南科技学院学报.2005(6):38-39.

[24] 程凌.养羊与养病防治.北京:中国农业出版社,2006.

[25] 李振.提高奶山羊产奶量的配套措施.畜禽生产,2006(3):14-15.

[26] 敦伟涛,房国芳,邢艳蕊.羔羊 30 日龄早期断乳及代乳料研究.安徽农业科学,2009,37(33):16389-16390,16461.

[27] 杜乐新.配合饲料在羊生产中的合理应用.畜牧与饲料科学,2011,32(4):47-48.

[28] 权凯,马伟,张巧灵,等.农区肉羊场设计与建设.北京:金盾出版社,2012.

[29] 苗志国,常新耀.羊安全高效生产技术.北京:化学工业出版社,2012.

[30] 庞连海.肉羊规模化高效生产技术.北京:化学工业出版社,2012.

[31] 薛慧文,包世军.羊防疫员培训教材.北京:金盾出版社,2012.

[32] 王志武,毛杨毅,李俊,等.日粮不同营养水平对羔羊育肥效

果的影响.中国草食动物科学,2012,3:82-83.

[33] 李范文,杨杜录.优质甘肃高山细毛羊实用生产技术.兰州:甘肃科学技术出版社,2013.

[34] 耿明杰,常明雪.动物繁殖技术.北京:中国农业出版社,2013.